终生不失业

应对剧变社会的不变法则

姚玮洁◎著

電子工業出版社
Publishing House of Electronics Industry
北京·BEIJING

图书在版编目（CIP）数据

终生不失业：应对剧变社会的不变法则 / 姚玮洁著. --北京：电子工业出版社，2020.8
ISBN 978-7-121-39224-5

Ⅰ.①终… Ⅱ.①姚… Ⅲ.①思维方法－通俗读物 Ⅳ.①B804-49

中国版本图书馆CIP数据核字（2020）第123976号

责任编辑：杨 鸲 文字编辑：肖 雪
印 刷：中国电影出版社印刷厂
装 订：中国电影出版社印刷厂
出版发行：电子工业出版社
北京市海淀区万寿路173信箱 邮编：100036
开 本：720×1000 1/16 印张：22.5 字数：638.13千字
版 次：2020年8月第1版
印 次：2020年8月第1次印刷
定 价：69.00元

凡所购买电子工业出版社图书有缺损问题，请向购买书店调换。若书店售缺，请与本社发行部联系，联系及邮购电话：（010）88254888，88258888。
质量投诉请发邮件至zlts@phei.com.cn，盗版侵权举报请发邮件至dbqq@phei.com.cn。
本书咨询联系方式：（010）88254161~88254167转1829。

本书将尝试回答以下九个问题

1 为什么依靠抓住一个大趋势、大风口就能实现财富自由，在过去很常见，以后却很难遇到？

2 20 年后，80% 的人在从事哪些工作？现在我们应该学习什么内容？更为重要的是，我们应该省下时间不做哪些事？

3 如果过去稳定的行业、领域和看似有优势的技能、专长不再可靠，我们还可以依靠什么？

4 在充斥着唯人工智能论和泛人工智能论的当下，人工智能所能涉及的领域和优势到底是什么？人类的哪些思维更具不可替代的独特性？

5 在人工智能极大地削弱了人的作用的大趋势下，作为个体应如何借助优势，错位发展、驾驭科技？

6 如何适应截然不同的行业和新的岗位？怎样能迅速地调整自己，应对全新的情况、复杂的问题？

7 为什么有人数十年原地踏步，有人却能迅速掌握游戏规则、连续跃迁？如何加强自身透过表象看透本质、抓住关键的能力？

8 那些跨行业的人才，除去其个性化的因素，他们取得成功的共通点是什么？我们该如何习得？

9 如何建立自身的认知体系，更高效地将每天的经历和所学的知识吸收整合，帮助自己在遇到新问题时，迅速地从已知体系中输出解决方案？

给我的家人，给我的一双儿女——昭同、穆如。

自序

亲爱的读者，当你能看到封面，并读到这一页，于我来说，已经是非常幸运的一件事。谢谢你们！在这里，我想介绍一下写这本书的初衷，以及它到底是一本关于什么的书。

我是在 2018 年年初开始筹备这本书的。作为一名到过世界各地的记者，在过去工作的十年间，我曾经采访、接触各种各样的聪明人，他们中有科学家、院士、商人、官员、教育家……尽管出身不同、背景各异，他们对事物的见解却常常使我叹服：为什么他们看问题总是眼光独到、一针见血？为什么他们思考问题的角度总是如此新颖又极富创意？除了智商，有没有别的因素发挥作用？

后来，我与其中一些人成为朋友。通过长期深入地接触、沟通，我发现，虽然他们处于不同的领域，对待同一个问题往往也有不同的处理结果，但他们的思维方式是相通的，也就是说，他们有着相似的看待问题的角度、方式和方法。他们在各自的领域做出了突出贡献，如果你把他们换到别的领域去，不出意外，他们同样可以十分杰出。正是这样的智识，决定了他们最终可以达到不一般的高度。与此同时，我开始反思自己，为何自己不能像他们一样睿智？

说说自己的经历。和你们中的很多人一样，我出生在一个小县城，学习成绩总体还不错，长大后也通过努力来到香港求学，后来回到北京，从事心仪的媒体工作。

但回想我的学习经历，实在没什么可骄傲的，我很偏科，再怎么努力也学不好数、理、化，语文、英语这些需要熟记的科目成绩倒是不错；很多人会逼我努力学习，但实在没有人引导我如何学习、怎样思考。怎么说呢，我所取得的成绩一直建立在艰苦的重复和努力上，一旦被“输入”了目标，我会竭尽全力，就像一个被输入了既有程序的机器人。这种一以贯之的执行者思维，虽然可以让我把一件事做到极致，督促我完成目标任务，却也限制了我的发展空间。

幸好，十年记者生涯，让我见识到更广大的世界。忽然有一天，我停了下来，反思自己的问题。我忽然觉得，经验人人都有，只要做得日子够久就可以获取，然而思维方式并非人人都有，它需要一次次打磨、推翻、重启、实践、论证、优化……所以睿智的人看问题总是能切中要害。我设想，如果我能将认识的那些“聪明人”共通的思维方式总结出来，不断地进行自我更新，就可能帮助自己迅速提升，说不定也可以帮助更多的人。

于是，在我已经 30 多岁的时候，开始了这本书的写作。但我自认为并不算晚。我开始与“聪明”的采访对象们聊天，不断反刍它们的经验，将它们分类、归总，同时与我自己的回忆和经历进行对比、整合。有时候我处于混沌的状态，百思不得其解，但很多时候在他们的点拨下，我的思路变得无比清晰，我试着实践这些原则时，发现大多数还蛮好用的。我意识到自己在做一件比之前的工作更有意义的事情。我曾经从事的新闻工作，是让人了解、发现、学习这个世界的知识和真相，但是，学会学习、掌握学习的思维方式，比学习本身更加重要。知识、真相都可能会被忘记，但沁入人心的精神品质、思维方式却能长久留存。

举个很简单的例子，从前，我所吸收的关于人际交往中的最大经验，便是谦恭有礼、结交朋友，我从来没有想过可以把自己的朋友关系与工作关系集聚起来，做一件叫作“盘活资源、信息共享”的事情。别人送我一件什么东西，我一定要迅速还给人家，看上去公平公正、互不拖欠，却忽略了来日方长、后会有期。

再比如，由于自己在甲方单位待得太久，写文章也好、做生意也罢，总是想当然地从自己的角度出发就事论事，却从来没有站在对方的角度考虑，思考对方关键人物的重点关注，最终导致事情不成还一脸懵懂。

而我从那些成功人士身上学到的最重要的思维模式，是他们身上那种极强的目标性，他们永远知道“我从哪里来，我要到哪里去，我要做什么”，任何纷繁芜杂的表象和琐事都不能让他们分心，而普通人如果能更少地受到自身情绪和外界的影响，从中学到百分之一，都会受益良多。

这些具体的思维方式，在本书中都会有所呈现。然而，这个世界不断地发生着巨大的变化，昨天的原则未必适用于今天，更不一定适合明天。本书付梓出版时，正值新冠肺炎肆虐神州大地。一场疫情，让多少新兴职业崛起，又让多少职业消亡。疫情过后，世界秩序将发生巨大的变革，对比之前的世界，有什么一定之规吗？显然没有。因此，本书的写作目的，并不是要阐释这些思维方式到底是什么，而是让你知道如何得到这样的思维方式。

2018 年，在撰写完本书后不久，我就怀上一对双胞胎。收获巨大惊喜的同时，我开始从母亲的角度重新审视这本书的议题：30 年后，我的儿女们还用工作吗？他们的生活方式是否与现在相同？当他们面对的是基因工程改造的身体、操控人们情绪的计算机、无人驾驶车、智能道路系统和基于虚拟感受的艺术形式等技术，并且这些技术也会很快过时，我写的书、总结出来的内容对他们有没有帮助？如果生活的不确定性已经不是例外，而成为常态，他们应该如何应对？

至此，我开始重新修正本书的架构，加入了如何应对现在最让人恐慌的智能时代的思维方式的内容。我开始采访更多的人，包括国外的专家学者，以及参考国外的期刊文献，对于写什么、不写什么，我开始有了更加清晰的价值判断，并意识到：这个世界上，知识何其多，如果继续秉承过去我的老师的那种方式——不停地给我的孩子们灌输知识，比如天上的星星叫什么名字、清朝是如何建立的、如何给机器编程、如何把句子翻译成英文或者流利地背诵《唐诗三百首》等内容。这当然更加容易，但这根本无法使他们在未来社会上很好地立足。

我应该教给他们的，是无论这个社会怎样发展，都可以让他们终身受用的内容，也就是以不变应万变的思维方式。

而这些思维方式，也不仅仅关乎工作，有了这样的思维方式，相信一个人将更会谈判、更会与人相处、更会恋爱、更会生活。

很高兴这本小书可以这么快出版，我是一个完美主义者，在我的设想中，它可能还需要更多的时间来完善，但我也意识到，不停地完善下去可能永远不能完成，因此我加快了出版的进度。书中不免有错漏之处，还请读者海涵，并可与我交流，使我的思路得以修正。

按照当前的进度，在我孩子半岁时，他们就可以抚触这本书，但读懂它可能至少还需要 18 年，也许真正读懂还得 25 年。我想真诚地告诉大家，市面上也许已经有很多思维方式、认知升级等诸如此类的书籍，但这本书不是“鸡汤”，不是暂时缓和你内心惶恐的安慰剂，也不会是充满陈词滥调的老生常谈。我不是一个未来学家，也绝不是什么成功学大师，我只是一个曾经的记者、一个有机会接触很多“聪明人”的人、一个职场人士、一个对孩子寄予殷切期待的母亲，如此而已。写这本书，并将其推荐给你，是因为我确信这本书确实提供了一套行之有效地适应在未来社会生存的方式、方法。

无论你从事哪种职业，处于人生的哪个阶段，相信它一定能解决你人生中的某些困惑，为你的未来人生指明方向。这也是我作为一个作者的最大的心愿。

2020 年 3 月 4 日夜于北京

部・一 | 此身未老，危机已来

部・二 | 职场基础——适应智能时代的工具性思维

部 · 一

此身未老，危机已来

章 · 一

确定性消失了

如果一个人不知道他要驶向哪个码头，那么任何风都不会是顺风。

——卢修斯·阿奈乌斯·塞内卡

你，20 岁，外企装配工厂组长。你没什么背景、学历不高，小小年纪就得到这个职位实属不易。一路从底层做到中、高层，成为主任、经理、厂长，本来是你给自己制定好的目标，但你仍会担心：管理岗就那么几个，之前没升职的前辈都去了哪里？自己日复一日的重复劳作，更是让你怀疑昔日所学到底对今后有没有帮助。如果天天混吃混喝，会不会有一天被扫地出门？

你，28 岁，互联网公司运营经理，几年前在旁人艳羡的目光中杀入这家梦寐以求的顶尖企业。为了在这个城市安身立命，你带病加班，从不抱怨公司的无偿加班；你主动缩减自己的睡眠时间，以防上级找你时不能及时回复；你紧盯 KPI，杜绝任何思想、行动上的松懈；你坚信上级曾许诺的利益和描绘的前景，并逐渐忘了自己其实只是个雇员。直到你从微博上看到自己公司有“优化”员工的“企图”时，才发现公司的利益和你的利益并不一致。说起来你已年近 30 岁，被“优化”后的出路在哪儿？回老家？做微商？做主播？跳槽去别的行业？你完全不敢想象自己的未来。

你，30 岁，私企老板，年轻时抓住一次机会和家人一起做外贸生意，赚了些钱，也算跨越了阶层，在一线城市的市中心买了一套 100 多平的房子。5 年前，你觉得外贸生意不好做了，又转去做电子产品，但几款产品卖得都不太好。你十分清楚，生意不好有产品不被市场认可的原因，有缺乏渠道客户的原因，有产品成本过高的原因……依靠着做外贸生意时的老客户，在过去几年也能勉强维持每年几十万的利润。但在 2018 年后生意变得越发难做。你知道以前的风光可能是因为运气，却不知道未来公司该如何转型，如何求生；你知道公司需要加强管理，却不知道具体的方式和方法。是要把公司仅有的几个人裁掉后完全靠自己吗？是要去参加 MBA 培训课程吗？还是干脆换个行业，从头再来？

你，35 岁，金融投资公司高管，你已经习惯了年薪百万，习惯了买东西不看价签，习惯了每年两次海外度假，习惯了高档小区的物业服务，习惯了月供数万的房贷、车贷，习惯了熬到年头就可以得到晋升，你感觉明天永远向好、人生永远向上。每当听到各种裁员的消息，你总觉得这事压根儿与你无关。直到疫情肆虐，你看到写字楼里其他公司陆续倒闭、被封，看到朋友们一个又一个转行做了保险销售、微商，你才开始紧张。果然，不久后公司开会决定，由于公司效益不好，普通员工只拿底薪，高管的薪水被拦腰斩断。留在公司，你发现现在的工资无法支付高昂的房贷、车贷、孩子的教育支出。谋划换新的工作，却发现自己好像除了“管理”什么都不会。除非降薪贬职，否则根本找不到新工作。

你，45 岁，国企仓储管理员，以为靠着丰富的仓储管理经验就可以安安稳稳地过一辈子。可自从单位开始实施“自动化管理”，大部分管理员都准备离去。你看着偌大的仓库里只剩下高高的机械臂和数不清的传送带，原来忙忙碌碌的场景也消失了。以前领导总是把“只要努力、踏实、靠谱，日子就会越来越好”的话挂在嘴边，可现在领导的话怎么又换成了：“你再老实、再靠谱，还能比机器更可靠？”

这些，都是我身边的人在职场的真实故事。

你是不是感觉很熟悉？

就算你刚刚毕业，刚进入职场，对自己的工作颇为满意，对未来充满憧憬和希冀，可从今天起的每一天，你将会离 35 岁越来越近。一旦职场失控，就好像一座大厦坍塌，那些从前剁得起“双十一”的手、去得起海外旅行、换得起最新款 iPhone、雇得起家政保洁、出行叫得起专车的日子将不再有。而已经习惯了这些服务和享受的你，还回得去没有它们的生活吗？

当数字化、信息化、智能化时代来临，职场对我们的要求发生了巨大的变化。那些观念、思维、技能无法满足新时代需求的人，一定会被社会所淘汰，就像历史上反复出现的“浪潮”那样。

我们能做的，是在未来三五年中勇立潮头；抑或在几十年的人生长跑中，紧紧地把握住趋势，让自身的观念、思维、技能迅速适应时代发展，将职场掌控在自己手中。

本书的写作目的，就是希望解答职场人可能会遇上的困惑，同时给出根本的解决方案。在此之前，我们需要识别现代社会将有哪些新的发展趋势，并了解这些趋势会给我们带来哪些挑战。具体来说，我们需要应对四个方面的趋势：

平台不再可靠；
技艺不再可靠；
风口不再可靠；
人类本身也不再可靠。

这些趋势是我们过去不曾经历的，但它们却决定了我们未来往哪里走，该怎么走。

平台不是避风港

我们面临的第一个趋势，是平台变得不可靠了。

央视名嘴白岩松曾经说过：“让一只土狗天天上央视，就能变成名狗。但要知道，没了央视的舞台，很可能不用多久它就会变回土狗。”

这充分说明了优质的工作平台的重要性，这也是毕业后找工作时，父母要求我们一定要找个好单位的原因。因为这个“好单位”几乎奠定了我们整个职场生涯的底色和基调。

我的一位在主流媒体工作的同行，在做记者时，写出来的文章总是被各大报刊转载，后来给单位做公众号，又写出了很多阅读量 10 万 + 的爆款文章。2018 年，他出于对自我能力的自信决定辞职单干，开了个撰写生活方式的公众号。他非常勤奋地做了 1 年，他的公众号在公众号排名中都到不了中间位置。

原来做的企业公众号，借助所在媒体的响亮名号、几百万的粉丝基础，随便找几个大号合作，粉丝量就蹭蹭上涨；即使是东拼西凑的文章，都有一堆人留言。

轮到自己做公众号时，无论怎么努力，阅读量依然惨不忍睹。文章写了出来，苦苦哀求以前的合作伙伴转发，对方要么碍于情面，勉勉强强放在次要位置，要么说“先看看”，然后就没了下文。

另一个在大型国企广告部工作的朋友，每次出去应酬，合作公司的老总都给他戴高帽：“您这样的天分待在那单位真的浪费，来我这儿吧，年薪50万元让你当总监。”

这种想法被灌输得多了，他本人也“自信”了许多，一次和上司意见不合，便拍桌子瞪眼，办了离职手续。再去找工作时，原来跟自己称兄道弟的公司老总瞬间变脸，紧皱眉头：“哎呀，这个不好办啊，我们再想想……最近公司事情多，效益也不好，这事咱们再议、再议……”

他懊恼不已，怪自己受人蒙蔽。话说回来，人家的吹捧算得上真心实意，只不过吹捧的不是他的能力，而是所在的平台赋予他的权力而已。

在舒适区待得太久，人们往往会忘记去分辨满身的光芒到底是自我的能量，还是所处舞台的映射。

2019年春晚，台湾艺人林志玲受邀在央视“春晚”表演水上芭蕾节目《绽放》，以花中仙子的姿态小跳一段芭蕾舞后，她坐上花环升至半空，接着一跃跳入水中，一连串优雅而惊险的动作获得广大观众的好评。出于安全等因素的考虑，这个节目90%的部分是林志玲完成的，其中10%的专业跳水动作由专业选手代替完成。林志玲的跳水替身大概因掌声没有给到自己而感到委屈，便于第二天发了微博，明里暗里酸溜溜地透露自己才是跳水真身，不想却引发了网友的大规模嘲讽。

这个跳水运动员也许从来没有想过，多数人不会关注一个跳水运动员在“春晚”多么地会跳水，只有当这个节目是林志玲完成时，才会引发更多的关注，从某种意义上来说，林志玲是跳水运动员的“平台”。

你们可能会想，你这些例子恰好说明，人要知道平台的作用，要有自知之明，那我窝在平台里，不“作”死就好了嘛。

这是以往的情况，今天，如果依然将自己的职业生涯牢牢绑在平台上，真的有那么可靠吗?

第一，再财大气粗的平台也不会让你混吃混喝。2017 年年初，华为一次性辞退了某部门 34 岁以上的员工。2020 年年初，新型冠状肺炎席卷全世界。在中国，北京最大的 KTV——K 歌之王宣布与 200 多名员工解除劳动合同。在英国，全球知名的汇丰银行宣布大规模重组，裁员 3.5 万人……

无论多大、多耀眼，一旦遭遇风险，平台就会优化产能、提升效率，最先弃若敝屣的，就是一颗颗被平台驯化了的螺丝钉。你和平台的关系，远不是你想的那样。

我那个做公众号的朋友和在国企做广告策划的朋友，他们的根本错误不在于主动脱离平台，而是他们自视甚高，错把平台的影响力看成了自己的能力。

第二，平台的运营能力不稳定，身处任何平台都不能永远安逸。《中国民营企业发展报告》显示，中国有 60% 的民营企业在 5 年内破产，85% 的民营企业在 10 年内消亡，民营企业的平均寿命竟只有 2.9 年。年营业额超过 1000 万元的公司，平均寿命也只有短短 7 年。

拿互联网行业来说，第一个在美国上市的中国概念股 china.com，国内最有钱、办公环境最豪华的 tom.com，还有被认为是互联网的统治者和终结者的 yahoo.com……这些网站，或多或少都是因为决策者的战略性失误而湮灭在历史的长河中，曾经身处其中的员工们，有几人依然在时代的浪潮中前行？又有多少人只剩下风光后的无限唏嘘?

第三，能成就一个人的，平台是一方面，更重要的是行业的发展趋势。行业蒸蒸日上时，平台以及平台中的个人都会顺风顺水。一旦行业衰落，平台以及平台中的个人只能伴着行业的衰落而慢慢“枯萎”。

那个记者朋友，离开平台做公众号，固然是考虑到了自己的专长，但却忽略了行业发展趋势的需求。他从传统媒体跳槽，看似巧妙地避开了传统媒体的没落，但错过了做公众号的黄金时期。2015 年前后，由于内容太少随随便便写点东西都有人看，很多公众号在这一时期积攒了超百万的原始粉丝，接广告接到手软。可是当时间推移到 2018 年以后呢？公众号的红利几乎被吃得干干净净，我们可以发现连路边的小吃店都注册了公众号，这时候杀进来，他真的做到未雨绸缪、看清大势了吗？

平台不再可靠，这是现代人的真实处境。过去，我们总是习惯在平台中依赖点什么、抓住点什么，否则便没有安全感。但如今，我们必须接受这一点，学会在没有平台庇护的世界里生存。

花无百日红

第二个趋势，是传统技艺变得靠不住了，这主要是从实践性技能的角度来思考的。

我们可以从时间的维度来推想一下，假使人可以长生不老，在人类历史的不同发展阶段，他会分别以哪些技能为生呢？

农耕时代，郁郁葱葱的庄园里，一把锄头传三代。他的儿子、孙子、重孙子……只要学会种地就可以生存。

18 世纪 40 年代，第一次工业革命，蒸汽时代来临，机器代替手工劳动。几百万人从乡间的农场涌入城市。揣着田里的那点技术可吃不饱，他得到城市里的纺织厂找份工作，经过简短培训，倒也不愁在这个行业待上一辈子。

又过了 100 年，第二次工业革命将他带到电气时代，他赶上了社会化大分工。随着亨利 · 福特开启的一种流水线上生产汽车的新模式，他成了一名汽车流水线上的装配工人，幸运的是，靠着这门技术，他还能踏踏实实地过上个几十年。

紧接着，进入 20 世纪 70 年代中期，微电子技术开启了信息化时代的大门，掀起了新一波工业劳动力变革。不仅引入了计算机可编程控制器，也产生了软件

第一次工业革命时期英国的纺织工厂

工程师以及许许多多相关职业，办公场所也因此从工厂的机器边来到了写字楼的电脑前。我们的主人公的人生也被清清楚楚地划分为两个阶段：学习阶段和工作阶段。学习阶段积累知识、习得技能；工作阶段闯荡世界、谋取生计。但由于变化太快，通过长期学习获取的某项技能，最多能支撑 30 年，甚至一些工种的鼎盛时期可能只有 10 年。由于无法预测下一次的职业变化如何发生，发生在何时、何地，因此他不知道自己该学习什么来应对，于是变得无所适从。

同样的变化也在中国发生着。过去的 30 年里，每一个中国人的谋生手段，也都经历了无数次重大改变。说一说咱们身边发生的事情，你可能会更有感觉。

我出生那会儿，是 20 世纪 80 年代中期。北京的米、油、肉、蛋、菜、麻酱这些东西还比较匮乏，不是有钱就能买的，都得凭票供应。米有米票、蛋有蛋票，买麻酱不仅要票，还得等到逢年过节，每家人均二两，超额不给。

那时候还不存在职场，没有所谓白领、蓝领，有的只是在体制内或体制外工作的人，如工厂工人、公务员等。

环保局没人进，副食店反而人头攒动。为什么？副食店店员的手一哆嗦就给自己多抓一把瓜子，过年买带鱼都能挑身段比别人宽的买。站在高高的柜台外面，看着柜台后称米量面的店员，感觉他们连长相都更加威严些。

然而，不过三五年光景，凭票供应制度落幕，市场经济时代来临，菜市场、超市遍地开花。

谁不爱在超市买东西？商品触手可及，也不用看营业员的脸色。一夜之间，北京各大副食店失去了原有的价值。曾经的副食店员们一下子从天之骄子变成了市场的弃儿。

几乎同一时间，个体户迈入历史的舞台。普通工薪阶层，一个月工资也就600块。而那些自己做生意的小商小贩们，倒腾着羽绒服、随身听、喇叭裤，成了最早穿金戴银的万元户。

个体户中的代表人物——出租车司机的数量此时也多了起来，开着个夏利成天在街头巷尾嘀嘀嗒嗒。刨去油钱和管理费，司机们边玩边干，一个月轻松赚个几千元没问题。据2005年的《华南新闻》报道，那时候北京的“的哥”还是“空姐”理想的结婚对象人选。

若干年后的今天，个体户群体日渐衰落。短短几年内，随着市场陆续被拆除、出租车管理的严控，个体户本身不懂迎接变化、故步自封，使得这群人早已沦落为朝不保夕、最没安全感的群体。

同样高开低走的还有不少高材生，他们选择了当时最热门的会计专业，毕业后去了国际知名的四大会计师事务所（即普华永道、毕马威、德勤、安永）。2008

年那阵儿，我简直对他们超前的眼光顶礼膜拜。谁不知道这“四大会计师事务所”高级得简直要飞起来，其员工住得起五星级宾馆，坐得起飞机公务舱。

短短十年，一是大环境的改变，外企的超国民待遇被取消，各项优惠政策不再；二是随着中国会计制度转轨和完善，一大批国内优秀事务所涌现，外资优势不再明显；三是科技进步，会计审计业务实现常规经营活动自动化，甚至还推出了财务机器人，会计人员的需求量急剧减少。如今“四大会计师事务所”录用的应届毕业生第一年的平均工资甚至还比不上互联网“码农”！那些当年进入“四大会计师事务所”的高材生们，除了个别升为合伙人，其余人转行的、跳槽的不计其数。关键是常年的出差和加班，身体落下了一堆毛病，三十多岁便开始四处寻医问药。

如果说，一些传统技艺未来的走向可以被预测，那么疫情过后的世界到底会怎样发展，却充满变数、无法预知。

2020 年 4 月 14 日，哈佛大学公共卫生学院的研究人员在《Science》杂志发表论文称，未来 5 年，新冠病毒可能在人类社会中长期存在，政府可能每隔一段时间就要采取间歇性隔离措施。这意味着人与人之间的交际活动会变少，同时我们对那些非必要的服务业的需求会减少。旅游、餐饮、电影、体育等行业都会遭受重大打击。那么，原本从事这些行业、拥有这些行业技艺的人们，又该何去何从呢？

从前，我们的长辈总说，做任何事都要靠时间的积累，只要肯付出努力，总会聚沙成塔，集腋成裘。但在这个跨界打劫、处处颠覆的时代，昨日之存在，不知何时、会因何种力量在今日化为灰烬。规则被完全改变，时间不再确定，未知和不确定性成为新常态，今天看上去坚不可摧的事物，明天也许很快就会分崩离析。

时间长河之中，我们拥有怎样的技能才不会被时代抛弃呢？

借势的时代已经过去

第三个趋势，是风口变得靠不住了。

最近，中国人流行讲风口。相信你我都听说过小米 CEO 雷军创业时曾说过的一句话：“只要在风口上，猪也能飞起来。”“借势”“踩点”“风口”如今已经是被用得很普遍的词汇，这说明越来越多的人开始明白机遇对个人的重要性。

毋庸置疑的是，过去 30 年，每隔 5~7 年，就会出现一次改变普通人命运的机遇，绝大多数中国家庭都离其中某一次非常接近。抓住了机遇的人，闭着眼睛朝天开三枪，就能打下一只鸟；没抓住机遇的人，要么原地踏步，要么就此被这盛世欢愉给抛下。

曾经中国最大的风口，就是房地产行业。1998 年，国务院出台了“实现居民住宅货币化、私有化”的房产改革政策，加上中国城镇化的狂飙猛进，中国的房地产开启了“黄金十年”。在那个时期，凡是搭上房地产行业大发展这班车的人，都实现了某种飞跃。

我亲眼见到过楼市最后的疯狂。一个来北京做房产中介的湖南老乡，在做了短短一年的中介工作后告诉我，他马上要在北京买房。一个法国留学回来的研究生，不顾家人的质疑和劝阻，投身房屋中介，半年内每个月都收入至少 5 万块钱。仿佛一夜之间，大街小巷满是房地产中介，他们中有的人收入甚至比房地产公司中层管理者还多。

我跟那个留学生打过几次交道，他踏实肯干、表达能力也不错，但绝对算不上巧舌如簧、能力超群的人。他在短短半年内挣了30万元，难免有些迷失自我，认为自己："干什么不行？"随后，在我联系他要看房时，他告知我已经辞职回了东北，准备用这半年挣到的钱做点别的生意。

几年后，我看见他又出现在同一家房产中介门店，棉服外面套着一件皱巴巴的西装，在瑟瑟寒风里用钥匙启动自己的摩托车，载着看房的客户"突突"而去。

我没看错，他又回来了。但在几次三番的限购政策的影响下，那个房地产行业的黄金时代却一去不复返了。我常常在想，他有没有醒悟过来：那几年赚到的钱，跟时代发展、行业发展相关，跟他踩对的点有关，而和他的个人能力其实不太相关。

当然，房地产行业不是最后一个风口。我们很快迎来了科技时代。十几年前，我和我的高中同学一起选填大学志愿，因为那两年最火的事件是英国科学家克隆出了"克隆羊多莉"，班上那些优秀的理科生们，几乎清一色选了生命科学、生物工程等专业。我到今天都能记得几个同学因新技术的诞生而兴奋不已的神情，仿佛明天打开家门就会出现一模一样的自己。

后来的事大家都知道了，多莉因肺病无法挽救被实施了安乐死，生物学专业逐渐暗淡。我那些同学，毕业后不好找工作，要么继续攻读硕士、博士，要么转行去卖保险、当培训班老师。

这是他们的无知造成的吗？他们曾经是班上成绩优秀、善于思考的那部分同学。

然而，生物科技还算不上那个时代最大的风口，随后而来的，更大的风口变成了互联网和移动互联网，能抓住它们的人们同样能成为时代的宠儿。

2011 年，以“服务草根互联网创业者”为使命的车库咖啡，在中关村盛大开业。在这家 24 小时不打烊的咖啡馆，客人们谈笑有鸿儒，往来无白丁。创业者们谈吐之间，离不开“赛道”“共享”“竞品”“闭环”“降维打击”“增长”……嘴里说的动辄都是几百万、上千万元的项目，仿佛明天他们就可以改变世界。如果你走在北京西二旗的路上，穿梭在你身边的男子往往戴着黑框眼镜，穿着白 T 恤或格子衫，背着双肩包，嘴上叼着包子，手里捧着热豆浆。清一色的装束背后，很可能是拥有七八十万年薪以及价值几百万元股票的码农。

支撑码农们高薪水的，是互联网公司的一本万利。

不妨来看几个“神话”：

“滴滴出行”连续三年在北京工人体育馆举办高规格年会，不仅有巨星献唱，还会斥重金发年终奖，运气好的员工能得到 10 个月工资的年终奖，运气差的也有千元出行礼包，每年光年会奖励都能发出去 5 个亿。

“美团”上市，造就了 6 个亿万富翁，4614 个百万富翁。

“小米”上市，招股书显示除高管外，共有 7116 人获得了期权或限制性股票奖励，账面平均收益约为每人 400 万元人民币。有程序员在网上表示：拥有 2000 万元的财富，即使没有大城市的户口，小孩上学也毫无问题，国际学校一年也就多交 30 万元而已。

为什么互联网行业的员工能拿到这么高的薪资呢？

一方面，源自互联网行业特别是移动互联网行业的快速发展。当互联网还是个新鲜概念时，老板们随便琢磨出一个创意，就能拉到几百万元的融资。

另一方面，互联网的高速发展，加剧了对互联网人才的渴求。为了抢先让自己的 APP 上线，老板们哄抢程序员，而当时懂 APP 开发的程序员十分稀有，自然价比黄金。当程序员看到互联网公司的钱这么好赚，不禁会萌生自立门户的想法，为了挽留他们，互联网公司老板不得不开出更高的价码，行业薪资自然水涨船高。

新的行业的破土、新的生活方式的重塑，也意味着传统行业的分裂、崩塌。处于风口行业的员工过得有滋有味，而风口行业外的企业员工们，日子却过得更加艰难。

还记得吗？移动支付出现之前，大家存取现金都靠银行 ATM 机。我刚上班那会儿，每个月最开心的事，莫过于发工资那天到银行，伴着“嘟嘟嘟”的按键声，查看工资金额是否增长。

但当路边摊都开始使用移动支付时，ATM 机越来越少，银行存款额也有所下降。年轻人即使有理财需求、贷款需求，都倾向于选择互联网金融产品，一些小银行的职员们不得不以推销金条为生。

你可能会说，既然风口这么重要，我只要去风口行业就好了。然而，风口岂是谁都能抓得准的？当你看到其他人一窝蜂涌入时，风口可能已经过去了。

2016 年，我身边大量的朋友开始学习编程、产品运营、UI 设计等课程，花好几千块钱参加有大咖现身的互联网大会，但谁能想到，正在此时，高歌猛进了 20 年的互联网行业，忽然走向了黄昏。

从 2018 年下半年开始，互联网行业哀鸿遍野，降薪、裁员接踵而至。美图、拉勾、知乎、阿里、网易等互联网企业均被传采取“优化”和“人员调整”等措施。滴滴宣称高管年终奖被取消、员工年终奖被腰斩，被京东裁掉的员工需要在大厅排队拿号办理离职手续，互联网巨头企业腾讯宣布裁撤 10% 的中层干部。

为什么互联网行业会忽然衰退？要知道移动互联网的代表产品，微信在 2018

年的活跃用户数量一度达到了 10 亿人，这不仅意味着行业的蒸蒸日上，同样意味着互联网原本的人口红利已被耗尽。

以微信为例，原本只要有新用户加入，微信的业务量就能始终保持增长，但当全国人民都开始使用微信，它得上哪儿去获得新的用户？老用户们新鲜劲儿一过，开始进入理性思考阶段，想要从他们身上再挖取利益，难上加难。

微信用户数量见顶，也预示着其他 APP 巨头的用户数量见顶，无论哪家互联网企业，只要想新获得一个用户，都要付出比原来多出数倍的代价。很多互联网从业者之前一直认为得流量者得天下，他们疯狂地“攻城略地”，寻求粗放式发展，把抢人头看得比什么都重要，但现在，用较小的成本获得用户及流量的时代已经一去不复返。

此外，互联网的发展还受到很多掣肘，比如，因融资监管趋严，融资渠道收紧，资金高速周转难以为继；资本领域过去十年一直信奉的补贴换份额、服务换流量的信仰，也在共享单车、无人货架等风潮遭遇困境后，迅速瓦解。

想出一个点子就想拉融资的好时代过去了，公司必须用有限的钱留下最精干的人才能度过互联网寒冬。裁员时自然手起刀落，毫不含糊。那些涌入互联网行业的，认为只要愿意干、愿意学东西，工资一定会呈几何级数增长的人们蒙了。他们一直顺着风口的方向快速前进，未曾遇见过障碍，却并不知道当互联网行业风口消逝，辉煌不再，应该如何在这个行业里善始善终、全身而退。因此，他们在行业衰败来临之际，只能一脸懵懂。

也许你会说，这只能说明风口是有周期的，我只要紧紧把握住这个周期，在低谷时杀入，高峰时退出就好——但事实真如你想的那么简单吗？

第一，随着市场经济的成熟发展，现今已没有那么多稳赚不赔的暴利行业供给普通人参与。90 年代股市刚刚出现那会儿，股价天天涨，又是分红又是配送股份，只要能买到就能赚钱。1998 年房屋商品化，由于房屋供给尚未满足需求，有人拿着地图跑遍全北京看房，随便买到哪里的房子都能赚钱，但现在咱们已经见不到那样的风口了。

如果说某些行业风口还存在，那也不是“三年不开张，开张吃三年”的“大风口”，而是那些人人都看得见的“小风口”，不仅周期短、范围小，而且有一定的技艺要求，比如我们都知道的知识付费、短视频、公众号等等。

即使偶尔踩对了一两个点，兴旺个两三年，狠狠赚一笔，恐怕也很难获得持续发展的机遇。不信，看看现在的主播行业、公众号业务，有多少做死的，又有几个能持续生存。当红的李佳琦和薇娅的直播事业一派繁荣，但你真的相信他们现有的形态能存活 10 年或者更长的时间吗？毕竟微信才出现了 10 年，iPhone 手机也不过才出现了 13 年。

第二，十多年前，人们获得信息的途径有限，只有报纸、书籍、小道消息，有关系的人还可以靠人脉。那时候踏准节奏，靠的不仅是格局、能力，更多的是一种运气。而现代社会每天有大量信息传递，市场信息来源不明、真假难辨，你该如何判断它是风口还是骗局？借势的方式和过去发生了本质区别，踩准风口，不仅靠运气，还得有获取信息、分析信息的能力。而这种能力，不是每个人都具备的。

第三，现在的“大势”，大多数与科技的发展、进步有关。真正的趋势，是科技不可逆转的硬趋势。特别是在智能时代，当送快递的体力活遇上了无人机，机械臂取代了仓储装卸员，大数据自动监测取代了行业分析员，这些和大数据、人工智能相关的业务，真的不是个体能追得起的风口。它需要庞大的资金投入，且对从业者的素质和能力有非常高的要求。

从前的革新多半都是渐进式的，它会留给旧有行业技术升级、模式转型的时间和空间，人们也有机会看清形势。但当革新以更快的速度、更大的面积发生并且瞬间爆发形成冲击时，这样的风口，普通人很难捕获。

所以，当你看到深谙消费者心理的商家大肆宣传："错过了电子商务、错过了房地产、错过了股市、错过了比特币，你还要错过 XX 吗？"你要明白，他们不过是想向你兜售商品。而那些公众号和作者告诉你："来呀，要提前调整！要提前适应！"看上去固然很有道理，但谁也无法给你一套具体怎么调整、怎么适应的方案。

风口不再可靠，最可靠的，是自己能拥有一双准确判断局势的慧眼和一套应对世界变幻的思维模式，让你可以快速认清自己的优势，无论风口如何变幻，都可以在时代前进的洪流中屹立不倒。

从 AlphaGo，到 Alpha Zero，到……

第四个趋势是，人类自身变得不再可靠了。

为什么这么说呢？相信这两年，你一定也好奇过这些问题："该怎么看待人工智能""是不是该学点编程，找个与人工智能相关的工作""哪些能力在短期内不那么容易被替代"……

留给我们思考的时间实在太短。如果从 2016 年的那场人机围棋对弈算起，我们面对这些问题的时间还不到 4 年。

2016 年的春天，谷歌旗下的智能机器人 AlphaGo（阿尔法围棋）与世界顶级围棋选手李世乭的对战，让人工智能这个概念火遍全球。全世界的吃瓜群众一起，开始心生工作被新技术代替的恐惧感，并开始操心起自己职业发展的未来。

这只是个开端。让中国人从梦中惊醒的，是 2017 年 5 月，AlphaGo 三局战胜素有"中国围棋第一人"之称的柯洁。

"感觉 AlphaGo 和去年判若两人，当时觉得它的棋很接近人，现在感觉越来越像围棋上帝。"柯洁说。

这个刚毅的男孩忍不住泪洒棋场。他说："再也不会跟人工智能对局了。"

正当人类为 AlphaGo 的表现震惊并展开旷日持久的大讨论时，不到 5 个月，由同为谷歌下属公司的 Deepmind 研发的新版程序 AlphaGo Zero 问世。它不依赖任何人类棋谱，不参考人类任何经验，完全依靠自身的强化学习（reinforcement learning）和自我"参悟"，仅仅花费三天时间，轻松打败"哥哥"AlphaGo，成为人工智能之王。而战绩是恐怖的 100:0！也就是说，曾经让顶级棋手们认为是一座无法攀越的巨山的 AlphaGo，在 AlphaGo Zero 面前，却只是一个轻易被碾成齑粉的蛋壳而已。

真正让人类绝望和震撼的，不是与人工智能对弈的成败，而是无论人类怎样努力，都不会有一丝丝获胜的希望……

然而用智慧碾压人类的胜利者，依然没有停下自己的脚步。下一个 Alpha King 又会是谁？

英国理论物理学家史蒂芬·霍金曾说："人工智能的成功有可能是人类文明史上最大的事件。关乎我们生活的各个方面都即将被改变。"

未来学家雷·库兹韦尔 2005 年在他的著作《奇点临近》中普及了指数式改变的概念。他预测，2045 年，我们将会亲眼见证"智能爆炸"，机器人将变得比人类更聪明，超级智能将解决人类面临的所有问题。虽然没有直接点出人类会成为机器的奴隶，但总体来看是相当悲观的。

很多人开始接受这个观点："以人工智能为代表的新技术将逐渐主导人类的生产活动。"但大规模生产率的提升是否会造成大规模的失业，这一问题一直是笼罩在技术狂欢者头上的疑云，人们对此争议极大。

尽管乐观主义者认为，新技术在消灭一些工作岗位的同时也会产生新的工作岗位，就像汽车的发明，让马车夫和马粪清理工全部消失，却出现了司机和汽车维修工。但这一次很可能是例外。

2014年，麻省理工学院教授艾瑞克·布林约尔松和安德鲁·迈克菲开始研究：为什么创新反而导致美国人的平均收入停滞不前，并导致大量中层职位消失。

他们对衡量经济健康的四个重要指标——“人均GDP（国民生产总值）”“劳动生产率”“就业数量”和“平均家庭收入”进行观测后发现：在第二次世界大战后的30多年里，这四个指标都在稳步上升，且上升速度几乎完美地保持同步。但从1980年代到2000年左右，“平均家庭收入”的增长已远远落后于“人均GDP（国民生产总值）”“劳动生产率”“就业数量”三个指标。2000年至2011年，美国“劳动生产率”的增长速度远快于其他3个指标，而“平均家庭收入”水平已经降低到20世纪90年代的水平，更糟糕的是，“就业数量”的增长出现停滞。

换句话说，近20年来，技术进步带来了“人均GDP”和“劳动生产率”的增长，但是，并没有带来就业率和“平均家庭收入”的提升，反而让失业率更高。整个社会呈现出一种“越聪明越穷”的不协调状态。

然而技术从来不会因为没有提高人类的福祉而停止其自身发展的脚步。

根据数据分析公司Quid的数据，2009年以来，人工智能已经吸引了超过170亿美元的投资。Facebook、Google、阿里巴巴、腾讯和百度，都在为自己的人工智能研究团队高薪招募研究员。

2017年7月，中国编制了《新一代人工智能发展规划》，此规划定下的目标是：到2030年，人工智能理论、技术与应用总体达到世界领先水平。2018年，国家发改委组织实施了2018年“互联网+”、人工智能创新发展和数字经济试点重大工程，有56个项目入选其中。

Google 公司的 CEO 拉里・佩奇毫不否认自己的野心，当《连线》杂志 CEO 凯文・凯利问他“已经有这么多搜索公司，干吗还要做免费网络搜索”时，他回答：“哦，其实我在做人工智能。”这令凯文・凯利十分惊诧。最后，他分析出其内在逻辑：谷歌正在利用搜索改善它的人工智能，而不是用人工智能强化它的搜索能力。

“当你在图片搜索栏输入‘复活节兔子’，就在告诉人工智能复活节兔子长什么样。”凯文・凯利说。2026 年，谷歌的主营产品将不再是搜索。有一天，“人工智能 + 所有领域”的技术将不再是一种奢望。

既然我们无法阻拦企业发展人工智能的脚步，自然也就无法阻止自己的谋生技能可能被人工智能所代替。当然，在我们所有人的理解中，人工智能首先冲击的，应该是那些重复而单调的体力工作——计件工人、餐饮服务员、快递员、收银员、保安、司机等等。

2017 年，阿里巴巴创始人马云开发的无人零售店“淘咖啡”开业。顾客用手机淘宝扫码通过闸机后，即可随意在店内选购商品；消费完成后，会经过两道“支付门”，分别显示“产品已在辨别中”以及“产品已在支付中”，收费成功，大门开启。全程不需要收银员及保安。

同一年，京东首个全流程无人仓亮相，包裹从入库、存储到包装、分拣、装车，全程 100% 由机器人操作，没有一个配货员、分拣员、打包员。

自动驾驶技术也不再是梦想。2017 年，百度掌门人李彦宏将无人车直接“开”上北京五环。2018 年，谷歌自动驾驶公司 Waymo 称，已获得加州车辆管理部门的许可，在部分地区的部分公共道路和高速路上进行全球首例无人驾驶测试。

2016 年编制的《卡车司机从业状况调查》报告显示，中国有 3000 万卡车司机，假使能够实现人们所设想的“2040 年绝大多数卡车都能实现无人驾驶”，那么，至少有 1500 万人现在就要做好失业准备。

疫情期间，许多接收新冠肺炎病患的医院开始广泛使用机器人从事药品、餐食和家居用品分发、治疗记录甚至是实时记录消毒灭菌等工作。机器人的广泛使用可以减少医护人员感染的机会。

你可能觉得，人工智能更容易代替重复性的工作，那么作为电脑前的脑力劳动者也许可以高枕无忧，但人工智能取代的工作绝不会以“脑力”或“体力”、“蓝领”或“白领”为标准进行区分。一个趋势越来越明显，自动化技术已经从重复劳作渗透进了知识创造领域。未来的记者、会计、翻译乃至律师，他们的工作完全可能被机器所代替。在这场大变革中，以脑力劳动者自诩的人们也许应该更加如坐针毡。

如果你是一名书面翻译，你可能会发现，谷歌翻译软件越来越好用，不仅速度越来越快，而且基本上能用它磕磕巴巴读下来一本英文书。虽然你有资格对它的优美性和准确率嗤之以鼻，但对于只想获取基本信息的人而言，这些其实并不重要。

如果你是一名律师，IBM 公司出品的智能律师 Ross 你不想了解一下？你可以像咨询律师一样咨询它问题，它可以查询所有的法律条文，并通过引用相关的立法文献、判例法或其他文献来让你很快地了解最新情况。而且，Ross 可以记录法律系统的变化，如果对于某一案例法院有新的判决，Ross 都可以做出提醒。

说说我自己。2016 年，我还是一名记者，在 AlphaGo 大胜李世乭之后不久，我发现了写稿机器人的存在。看到这条消息时我是慌乱的，因为这种机器人不仅获取新闻线索的速度更快，整理信息的效率更高，编写的消息居然逻辑顺畅、语句通顺！

2018 年全国两会期间，新华社推出了智能神器“媒体大脑”，它已经不仅仅能发布简单的新闻，还在 15 秒内从 5 亿网页中梳理出全国两会舆情热词，发布了史上首条关于两会内容的视频新闻，还在第一时间发布了利用人工智能做出的两会解析报告。那么学了 6 年新闻的我，价值何在?

我们必须对这样一组数据重视起来。牛津大学的经济学家们对美国就业市场上现有的 702 种职业进行了量化评估，评估报告显示在未来 20 年，46% 的职业被机器替代的可能性在 70% 以上。是的，这些职业包括了记者。

我出生在一个普通的南方小城市，父母都是公务员，他们为我选择了一条路：取得好成绩，考上好大学，再找一份需要常规认知技能而非常规体力劳动的、能适应新兴经济格局的工作，比如法律、金融或新闻工作。我照做了，考上大学，成为一名记者。

但在过去几年，我看到规则又变了，从事法律、金融或新闻类工作并不能让我或者我的同学们过上稳定的生活。然后，我见到了一茬又一茬的高中生走向大学，他们漫无目的地花费 4 年时间学习固定的知识和技能。

罗马皇帝恺撒曾经说过：“厄运如密布的箭弩落下，所有人都无可躲避。”这句话放在今天再合适不过。无论你愿意或不愿意接纳，人工智能已经成为我们这个时代绕不过去的趋势，它将深刻地影响你我生活的方方面面，我们必须学会应对。

学了编程，你就不会被替代了

当生产车间越来越仰仗智能化、自动化的流水线；当无人驾驶车在越来越复杂的道路上行进；当产品的外观质检越来越依靠机器视觉设备；当金融产品、金融数据的判断、分析越来越依赖智能化工具……被时代洪流裹挟着的人们，选择了哪些应对方式呢？

在大数据和人工智能时代，海量数据亟待程序化，于是家长们认为，想要占领未来制高点，编程必须成为孩子们的一项必学技能。这种恐惧直接催生了一个百亿级别的少儿编程市场。而 5 年前，这个市场根本不存在。

资本市场是最好的风向标。据《中国新闻周刊》报道，2017 年全年，有至少 20 家少儿编程培训机构获得融资。其中不乏大手笔："编程猫"相继获得 2017 年 11 月的 1.2 亿元的 B 轮融资，2018 年新一轮 3 亿元的融资；2018 年 9 月，"傲梦编程"宣布获得由好未来共赢基金与 IDG 资本两大巨头联合领投的 1.2 亿元 B 轮融资……

家长们当然有自己的逻辑：如果提前预判出市场在未来将会出现显著缺口的技能，让孩子投入训练，就能未雨绸缪，甚至获得超额收益。就像当初那些选了人工智能相关专业的大学生，硕博毕业后年薪大几十万，个别博士已经年薪百万了。2019 年，继华为公司以 80 万 ~200 万的天价招揽了 8 名人工智能方向的应届生后，

程序编辑

中兴通讯又在年会上宣称，招聘应届毕业生年薪不设上限，并愿意给出百万年薪的丰厚条件。

可是，编程从娃娃抓起，就真的那么有用吗？

培训机构的人会告诉你，他们教的编程，是一种人工智能时代的思维方式。但真正到课堂上看一看，给孩子们的编程课基本上是学习 Scratch、 Python 等编程语言，而随着时代的发展，这些编程语言很可能被淘汰。

记得我念小学的时候，写一笔好字是非常重要的。那个年代讲究字如其人，写字好的人更容易被关注、被提拔。鼓励我们从小练字，是一件极具前瞻性的事情。但现在谁还关注这个？

后来念高中和大学的时候，又学习了使用 DOS 系统、Visual Basic 语言和五笔打字法，这些工具也是那个年代最超前、最炫酷的技能。然而如今，DOS 系统还有几人用？Basic 语言还有多少人懂？拼命背下来的“土士二干十寸雨”的五笔口诀，还有几个人记得？

DOS 系统、Visual Basic 语言确实是那个时代最需要的技能，但本质上来看，思维方式才是最需要学习的。编程同理，它真正的内功是计算思维和数学建模的思维方式，没有数学基础的编程学习，看上去怎么都像先学跑步再学走路。

早在 2014 年，《纽约时报》就曾邀请各界人士就“是否应该将编程纳入小学课程”进行过讨论。当时，著名科技专栏作家约翰·德沃夏克措辞严厉地批评让小学生学编程是“一个骗局”，并非真正关心孩子的成长，他说：“二年级学生应该跑来跑去、玩球、画画、学习精细运动技能。学校应该培养他们正常的人际交往能力。把他们按在电脑前学习用某种语言编程，还号称这可以传授计算机知识，这一定是疯了。”

即使在少儿阶段真的需要引进编程，接触的意义也只是让孩子感兴趣。也就是说，编程教育在培养兴趣、培养探究能力和科学精神这个层面上有意义。

但是，这种学习兴趣、探究能力、科学精神的培养，不会得到即时反馈，不是家长花了钱，就能在孩子身上看到立竿见影的效果。

就像很多上幼儿园的孩子，家长往往关注他们这周学了几个英语单词、学了几首儿歌、做了几道加减法题，而不会关注孩子的专注力是否提升了、手脚协调能力是不是长进了、与小朋友互动的社会交往能力是不是加强了。

只有让孩子忙起来，看起来拥有了很多知识储备，家长才能拥有一种对未来的掌控感。让孩子纯粹去学习知识，效果立竿见影，家长才能“感觉”钱花值了。

培训班利用了家长们的这种焦虑，打着不让孩子输在起跑线上的旗号，强化发酵“只有学习 × ×，才能不被时代淘汰”的伪痛点，强行给学生灌输一大堆无效知识，只不过是为了迎合家长需求罢了。

放眼望去，让孩子接触编程的，通常是那些观念意识超前、经济条件较好的高知、精英家长。这些人尚且如此，普通大众的焦虑又该如何安放呢？

从20世纪90年代的“学好数理化，走遍天下都不怕”到风靡一时的全民学奥数，直至如今趋之若鹜的少儿编程，一出出全民追赶时代趋势的焦虑大戏反复上演。

就像今年大蒜贵，农民集体刨地种大蒜，明年产量过剩，降价了，再集体刨地种别的。后年大蒜又紧俏了，再刨地种大蒜……于是头年“蒜你狠”，次年“蒜你完”，如此往复，周而复始无穷尽。

与种大蒜相比，少儿奥数热、编程热除了“种”的是孩子，培育周期更长以外，无其他差别。

这场史无前例的变革，几乎让所有的行业、产业发生翻天覆地的重组和变化，现代人为了应对这场变革，盲目奔跑，丧失了底气和定力。他们急匆匆地学习一些技能，看上去是一种筹谋，实际上只是一种应激反应。作为个人，如果不知道哪些是确定的趋势、哪些是不变的本质，不彻底转变观念和思维，仅仅想要依靠学习几样技能让自己立于不败之地，可能吗？

希腊神话中，有个受诅咒的西西弗斯，他每天要用尽所有力气把一块沉重的大石头推到陡峭的山上，而每当快要到达山顶时，大石头就会滚落到山脚下。西西弗斯要永远地、没有任何希望地重复这个毫无意义的动作。

当：

平台不再可靠；
技艺不再可靠；
风口不再可靠；
人类不再可靠。

你应该如何应对呢？在这个变化莫测的智能时代，你是那个疲于奔命的西西弗斯吗？

章·二

你的战略定力

已有的事，后必再有；已行的事，后必再行。日光之下，并无新事。

——所罗门国王

2012 年，胶卷企业柯达宣告破产。干掉它的，不是竞争对手，而是做数码相机的企业——索尼。

2017 年，数码相机品牌尼康关闭了中国工厂。打败它的，不是与之鏖战了一个世纪的佳能，而是诺基亚和苹果。

2018 年，多年来顶住了包括沃尔玛、家乐福等外国超市的冲击，号称 19 年不关一家店的零售商场大润发，被电商阿里巴巴收购，高层集体走人。

扪心自问：我们所谓的经验，还能管用多久？

学习什么样的技能，才能让我们受用一生呢？

痛点何来

新时代的四个趋势给这个时代的人们带来了极大的挑战，未来几年，时代发展将极具戏剧性，其速度之快、规模之大、竞争之激烈，会让人们比以往任何时代都难以招架。如果时代的洪流终将把一切毁灭后再创造，那么能够庇护我们的方舟又在哪里？

几年前，我采访过德国宝马公司的技术负责人，老爷子60多岁，很乐意跟我聊聊中国发生的事情。那时的我正处于年轻气盛、无知无畏的年岁，一场采访变成了我的个人宣讲。

他一直微笑地看着我，听我大侃特侃互联网+、大数据、O2O、人工智能。我很激动，最后还煞有介事地总结："如果这个时代再不变化，就会被变化所淘汰。"

听到这里，老爷子忽然认真地看着我说："姚，我承认你说的，事物的变化的确令人眼花缭乱，但我也想说说我的经验。宝马有快一百年的企业成长历史，还经历了两次世界大战、两次工业革命、几次金融危机，因为我知道什么不变，所以我们才走到今天，才活了下来。那些变来变去的早都不存在了。"

从那时起，我开始反思"变化"的含义：无论时代多么焦灼，对于企业、品牌甚至个人而言，是否那些最本质的内容始终没有改变？

不收电话费的微信、可以看电影的手机、可以预报天气的智能音箱、自动调温的空调、自动开门的冰箱……都使得我们的生活方式变得更加方便、快捷。但我们生活的基本要素始终没变，我们上学、工作、结婚、生子，然后再把孩子送去上学，家庭和工作始终是最重要的常量。

现代化机械提高了农民的耕种效率，但发生变化的只是耕作的方式，耕作行为并没有消失。农民适应新技术满足顾客不断变化的需求的能力，决定了他们是否能够生存下来。但土地依然是基本的生产资料，春耕秋收的规律依然决定着他们的生活节奏。

商业也有常量。那些在某一领域取得非凡成绩，或在各自行业中颇有建树的人，往往都是对人性理解得很深的人，他们做出来的产品始终很集中地迎合了人性的需求。

你可能会问，人性不变的需求是什么？为什么人脸识别、在线支付这些叫作创新？而共享雨伞、共享衣橱等，看似炫酷的“创新”，其实只是折腾而已？

我并非从事与商业相关的工作，对这一点不敢妄议，仅作抛砖引玉促进大家理解。人性不变的需求至少有一点，正如几百年前哲学家叔本华所说的：“人生不是追求幸福，而是避免痛苦。”所以，我们总是把需求叫作“痛点”。

举个例子，手机和马桶只能选一个，人们通常会选择马桶。如果把语音操控系统嵌入马桶，比按钮式节省 1 秒钟时间，但这种科技创新是否有意义呢？

人类发明了很多东西来避免痛苦，比如用空调逃避严寒、酷暑，用高铁来逃避漫长的等待，用电灯来逃避黑暗，用游戏来逃避无聊，用药物来逃避死亡。人类所有发明都是为了逃避这些痛苦。不管在市场上哪个品牌占据优势，这类解决了人类痛苦的产品依然坚挺，除非出现更加直击痛点的产品。

为什么电子阅读器没有代替纸质书，美团外卖也没有打败方便面？因为虽然新物种的出现都解决了原有的痛点，却也创造了新的痛点。电子阅读器比纸质书轻便，却没有“实质感”和存在感。方便面味道单一，却比美团外卖价格便宜，也更加快捷便利。这决定了它们有各自的受众，能在未来的市场上始终各有千秋。

20 世纪 80 年代，雀巢的胶囊咖啡机系统问世，这是一种可以提前设定好剂量并能在家庭或者单位使用的小型咖啡机，雀巢专门成立了以此为主要产品的奈斯派索公司。这么做都是基于一种最朴素的本质判断——好喝的咖啡不便捷，便捷的咖啡不好喝，胶囊咖啡机却可以把便捷和美味合二为一。但在当时，几乎没有竞争对手看好且进入这个领域，公司内部的成员也从没觉得它会有什么前景，它三次濒临破产。要不是雀巢董事会有成员一如既往地坚持，这个子公司很可能早都倒闭了。

转机出现在 2000 年，日趋完善的设计、大规模的宣传推广，让这个定位于让人们在家中品尝到高品质咖啡的品牌焕发了新的生机。目前，奈斯派索公司已经成为雀巢集团销售增长最快的子公司，在 35 个国家拥有近 12000 个销售点。更重要的是，买了胶囊咖啡机的人需要持续购买咖啡胶囊，就像钢笔总是需要墨水一样，这是多么大一笔收入！

从购买专利到转机出现，雀巢整整走过了 30 年。很难想象，如果当初因为无人问津而放手，今天我们是否还用得上如此便利的胶囊咖啡机。

很多人都看过好莱坞电影《大空头》，影片说的是华尔街四个独具慧眼的投资鬼才，在2007年美国信贷危机暴发前就看穿了泡沫假象，于是在2008年金融危机前夕，通过做空次贷而大幅获益，最终，他们成为少数在金融灾难中大量获利的投资人。这四个人最值得称道的是，在这个过程中，他们虽然经历了老板辱骂、客户撤资、同僚讥笑，但他们始终相信自己是正确的，坚定地实践着自己的信念。

这样的案例毕竟是少数，这也是为何世界上能成功的人并不多。那些没有定力的企业，往往会在左右摇摆中失败。是他们不知道坚持的重要性吗？当然不是，只是发展的过程中，杂乱无章的信息、迫在眉睫的压力、各种各样的选择扑面而来，让他们丧失了抓住“不变”的意识和能力。

你也许不知道，全世界第一款数码相机是由胶卷大王柯达公司的相机工程师史蒂夫·萨森在 1975 年发明的。按道理来说，柯达公司接下来理应把关注点放在能让人们更加方便、快捷地获取高质量像素的产品上。然而，东西发明出来后，柯达公司高层拿着那台仅有 1 万像素的数码相机模型对他说：“这玩意儿很可爱，但你不要跟别人提起它。”

没有人比这个高层更擅长自我欺骗了。

变量和常量

2018 年 3 月，亚马逊公司 CEO 杰夫 · 贝佐斯已经成为全球首富。对于他成功的秘诀，说法不一，但大家都非常认可他的战略定力：分得清变量，抓得住常量。

他说，自己经常被问到，未来十年，会有什么样的变化？令他想不通的是，为何从来没有被问到，未来十年，什么是不变的？

“我认为第二个问题比第一个问题更重要，因为你需要将你的战略布局在不变的事物上。”

虽然做的是线上购物，但他认为不管线上线下，人们的需求永远有三个不变：

第一，无限选择。
第二，最低价格。
第三，快速配送。

他说，即便再过十年也不会有客户跳出来说：“哎，贝佐斯，I love you，I love 亚马逊，但是我希望你的价格再贵一点，我希望你的配送慢一点。”

换句话说，亚马逊必须始终满足用户的核心需求，即以客户为中心。

这听上去有点老生常谈，毕竟，全球每家公司都会说自己以客户为中心。但贝佐斯把这句话上升到了比宗教信仰还严格的地步。

2005 年，一名亚马逊中层员工提出以收取 99 美元年费的方式，为用户提供两天内免费送达服务——Prime，因为所有的人都会愿意以便宜的方式购买更好的服务。

公司高管都觉得这种做法疯了。贝佐斯却把这个建议听了进去，贝佐斯的亲密战友，他的 CFO（首席财务官）沃伦・简森几乎和贝佐斯闹翻。简森认为，免费送货不是什么创举，只会让公司负债累累。

有一次开会，简森甚至让提出这个建议的人降职。但贝佐斯力排众议将这个项目坚持下来。

为什么亚马逊的 CFO、分析师对这种做法如此反对？我们来算一下，如果快递公司单笔订单的成本是 8 美元（因为人力、环境、政策等原因，美国的运输成本远高于中国），而 Prime 会员一年有 20 笔订单的话，那么公司一年的运输成本就会达到 160 美元，远高于 99 美元的会员费。这项服务的成本太高，没有办法达到盈亏平衡。

那么，这个项目到底怎样了呢？

目前，Prime 全球会员数已经超过 9000 万，按照每人每年 99 美元的会费计算，此项收入已近 90 亿美元，亚马逊在 Prime 权益上的投入远超过这个数字。

但回头看，99 美元年费刺激了会员充分利用 Prime 价值的心理，下了更多的订单，大量顾客因为这个服务成为亚马逊的拥趸。

“一定要从消费者的需求出发，来触摸（touch）到消费者的需求是什么。”贝佐斯说。

再来看看我们都很熟悉的微信。微信一直是一款非常好用、非常坚挺的产品。

但近 3 年来微信大大小小改版了十几次。

尽管微信一直在否认，但明眼人都能看出来，改版的目标始终对准了今日头条和抖音，微信想要奋力夺回被今日头条和抖音蚕食的社交内容市场。然而，在“狙击”竞争对手的过程中，在各种各样的人每天给微信提意见的过程中，微信似乎已经迷失。

时代在变化，互联网产品越来越多，适合不同人群的垂直型内容载体越来越多，比如小红书（手机软件）适合爱美、追求精致生活的女性；知乎（网络问答社区）适合热爱分享知识的精英群体；哔哩哔哩（视频网站）适合喜欢二次元文化、追求上进的年轻人；抖音（短视频手机软件）适合喜爱新鲜事物、乐于分享生活的潮人……不可能仅靠一个平台就能满足所有人的口味，但微信偏偏追求成为大而全的信息内容集合地，它把公众号推文改成了类似今日头条的信息流展示方式，以时间顺序排列；又在部分用户的朋友圈首页强制放上小视频的入口。

微信只是在竞争中兀自将自己做成一个大而全的平台，已经不管创作者们是否能在这里实现价值了。

这样做的结果是，在改版之后，用户不仅降低了对公众号品牌的依赖，也降低了他们对微信平台本身的依赖。创作者为了有更多展示机会，不得不耗费大量精力，制作大量猎奇和吸引眼球的标题，反而伤害了品牌价值，纷纷转向其他载体。

其实，微信的产品经理张小龙何尝不知道战略定力的重要性？他曾经在 2019 年的微信公开课上强调，把微信做好的关键在于回归微信的初心和原动力——做成一个好的、与时俱进的工具性的产品，一个能帮助小游戏、公众号、小程序的创作者们体现价值，获得他们该有的回报的产品。这也是为什么微信宣称：再小的个体，也有自己的品牌。

对于张小龙有没有坚持初心，每个人都有自己的评价。但我认为，他和最初的想法还是有所背离的。

还记得咱们最初为什么会用微信吗？原本我们使用一毛钱一条的短信进行通信，发彩信甚至要 2 块钱一条。忽然有一天，不花钱、更便捷的微信出现了，在默许微信使用我们的通讯录后，我们迅速转移到新的阵地。微信的用户数量实现了井喷式增长，并在短短的几年内，依赖强大的用户基数，始终占据通信领域的霸主地位。

那为什么这么多新奇的社交工具没有取代微信的地位，那么多年轻的 95 后、00 后用户依然停留在微信呢？稍加分析便可发现，因为跟我们关系密切的上一辈人（领导、家长）已经习惯了用微信，尽管年轻人知道有许许多多其他的替代品，他们也不得不继续使用它。大家最依赖微信的，始终是产品最初提供的那些功能：领导布置工作方便，家长传输作业容易。所有的其他功能的完善都是次要的。

因此，在市场逐渐成熟、日趋细分的今天，提升微信用户黏性的根本，在于加强自己的核心竞争力——通信、办公功能。发展已有优势、保持本质的“硬需求”，永远比努力开拓当下风潮、面面俱到的“软需求”（朋友圈、小程序）更加重要。试图占领所有的市场、打败所有的竞争对手，只能让自己疲于奔命。

当然，我们必须承认，微信依然是一个伟大而成功的产品，但这个产品未来到底可以依靠自己累积的人口红利红火多久、繁荣多久，恐怕要打上问号。毕竟，只有那些始终能固守战略的企业，才能立于不败之地。

就像阿里巴巴一直通过支付宝为交易提供担保。京东则一直致力于为交易自建物流体系。成立于 1939 年的美国漫威公司，看似不停地通过漫画拓展各个领域的产品线，但归根结底在做一件事——讲故事、造英雄，就像每个国家都在塑造自己的英雄，印度神话甘地、中国塑造花木兰、日本创造樱木花道一个道理，只不过漫威的故事在世界范围内更有名气。

“在世界历史上，大部分事物都是稳定的……发生变化的并不是事物本身，而是我们的做事方式。不管别人的宣扬如何铺天盖地，只要我们能分辨出常量和变量，我们就能够有效地应对新的市场，并从变化中获利。”著名的未来学家约翰·奈斯比特在他的新书《定见未来》中如是说。

变幻莫测的时代，还能坚持初心吗

你也许会困惑，上一节所说的都是企业的战略定力，跟我们个人有什么关系呢？

“战略定力”这个词包含两方面的意思：一个是目标，首先要知道你要到哪里去；一个是原则，你要知道如何行动、依据哪些准则行动。战略定力不仅仅适用于国家发展、企业进步，还可以用于个人。对个人而言，拥有战略定力，找到自己不变的核心竞争力，孜孜不倦地加以深耕，才能避免无方向、无目的、无结果地把宝贵的心智能量消耗在毫无战略性可言的机会点上。具体到职场，所谓的战略定力，就是你在进入一家企业的时候，必须要问自己两个问题：

1. 我来这里做什么？
2. 等我离开的时候，已经得到了什么？

然而，现实生活中，很少有人能做到这一点，因为“噪音”太多了。你的利益和企业的利益、老板的利益，都不一定相同。你的老板经常会和你说，这个工作很重要，你要多花精力、多思考；那个工作很重要，你要从不同角度考虑周全。但很多时候，这项工作只是对老板重要，而不是利于你成长。你的老板还会说：“你很重要啊，好好干会有发展！”而大多数时候，只不过是你所担任的这个岗位很重要、不可替代，而不是你不可替代。

你在最初投简历的时候，肯定会有目标，仔细考虑过工作强度、行业发展、薪资水平、工作内容等条件。但一旦进入工作状态，做个一两年，上司让加班就加班，上司让转岗就转岗，很可能你已经忘记了自己最初的目标。

每天的工作中，有无数的事情需要你花费精力。时间、精力有限，找准自己的定位和核心竞争力，并聚焦到这一方面，扩大自己的优势，不为其他的诱惑和琐事分心，不受他人影响，对你而言，才是最为关键的。

有个众所周知的故事，一群孩子每天总是到一个老爷爷家附近玩，老爷爷喜静，孩子们的吵嚷声打扰到了他，但劝说无用。于是，他把孩子们叫过来说："你们每天过来闹，我都给你们一块钱，欢迎你们天天过来。"孩子们过来吵了三天，果然收到了钱。但是从第四天开始，老爷爷给的钱越来越少，直至不再给钱。孩子们觉得待遇降低，一生气再也不过来玩了。

从老爷爷的角度来说，这是个有关激励的故事，但从孩子的角度说，则是一个背离初心的故事。孩子们没有意识到，自己到这玩本来是为了开心，不是为了拿钱，有没有钱他们都照样玩得开心，但现在他们不仅不再有钱拿，还不开心，也少了一个可以玩乐的地方。

我有个朋友，在出版社做社科类图书编辑时，业绩一直很不错，编辑出版了很多畅销书。一年前，随着知识付费和抖音、快手等平台风头渐火，领导也想塑造和推出自己的 IP（intellectual property，知识产权所有者）帮助营销图书，于是开始劝他转岗："你看，现在'大 V'多火，你何不把自己包装一下，打造成文化领域的专家，又能捧红自己又能赚钱，名利双收啊。"

这个人刚开始对自己的认识还是比较清醒的，拒绝了几次，但禁不住领导一直游说，心里开始"长草"。不久后，他下了转岗的决心，不仅自己疯狂恶补打造个人品牌的知识，还自己掏钱购买粉丝。但他没有这方面的天分，勉强做了一年，粉丝寥寥数人，只得放弃。这时，原来的岗位早就被他人占据，而原来劝说他的领导和同事，此刻已经集体噤声。他最后不得不离开这个出版社，去另外一家出版社重操旧业。

他的问题在于，没有认清自己的核心竞争力，噪音之下左右摇摆。明明擅长策划，偏偏要做输出表达的工作，在自己不擅长的领域从头再来，原有的技能无法迁移和加强，最终只能放弃。

另一个例子来自我以前的记者同事，她特别善于和政府部门的各个领导建立联系，总能采访到别人采访不到的重要内容。因为总有独家消息，社会反响特别好，所以领导想晋升她为部门主任，管理其他记者，并帮大家找选题，指导大家写作。但她一口拒绝了。

她说："我的特长是联络关系，找到独家采访资源。而写作技巧、管理团队、制定选题，都不是我最擅长的。现在，依靠我的优势、特长，不用几年我就可以成为国内时政领域最牛的记者。如果我选择当部门主任，现在看似前进了一小步，但实际上我只能做个平庸的部门主任，对于职业发展来讲，我是倒退的。"

我这个同事，现在成了单位的主笔、国内数一数二的时政记者，很多重大采访，领导都点名让她去。她就是清楚自己的核心竞争力，并聚焦于此的明白人。她知道自己擅长什么，不擅长什么，不是只看到眼前的利益和位置，而是很好地将长远的发展方向和自己的特长相匹配。

历史上有很多深耕自己核心竞争力的人，曾国藩就是个典型。曾国藩有晚清第一名臣之称，其所作所为对清王朝的政治、军事、文化、经济等方面都产生了深远的影响。他的两个突出的成就，一是在镇压太平天国的运动中，自己组建湘军，与太平军缠斗 13 年，硬是把悬崖边上的大清王朝拽了回来，给岌岌可危的清王朝续了命；二是在洋务运动中，组织建造了中国第一艘轮船，建立了第一所兵工学堂，引入第一批西方书籍，送出去第一批留学生。

然而，他年轻时却是个出了名的笨人。

有个“梁上君子”的故事你肯定听过，说曾国藩在家读书，一篇文章朗读多次也背不下来。一个小偷本想等他入睡之后行窃，可是左等右等也不见他入睡，便忍无可忍，跳出来大叫：“这种笨脑袋，读什么书？”骂完，他将曾国藩所读的文章从头到尾一字不落地背诵一遍，扬长而去。

故事固然有戏谑的成分，但科考 7 次，到了 21 岁才以倒数第二的成绩考中秀才的真实经历，让人无论如何也无法把曾国藩和聪明人联系在一起。这么一个书呆子，当时是怎么战胜战斗力爆表的太平军的呢？

曾国藩的办法是“结硬寨、打呆仗”，也就是说，他从来不和敌人硬碰硬，即使在胜算很大的情况下也从不主动发动攻击。进攻太平军时，湘军每开到一处新的地方，都要躲在营寨里，花费很多功夫修城墙、挖护城河、构筑各种障碍，搞得像一个施工队一样。太平军非常能打，想尽办法正面进攻湘军，湘军就是守着阵地不动。太平军再骁勇善战，碰到这种路数，也是毫无办法。

曾国藩通过“结硬寨”的方法，把进攻任务转变成了防守任务。死守营盘不动，切断对方粮草、水源，最后将对方困死其中，一点点蚕食太平天国的地盘。湘军在与太平军缠斗的 13 年中，除了少数几次战役有超过 3000 人的伤亡，基本没付出过太大的代价。现在，如果我们到安庆、九江等被湘军攻打过的城市去看看，就会发现，连城外的地貌都被曾国藩当年所挖的壕沟改变了。

曾国藩没有遇到过反对的声音吗？当然有。在与太平军对战的初期，湘军可谓是屡战屡败，即使如此，曾国藩依然没有改变战略，坚持扬长避短，坚持“守拙”。这种聚焦战略层面优势，尽量降低战术层面劣势，就是我们今天聚焦核心竞争力的典型做法。

学什么才会让你受用一生

如果你拥有自己的战略定力，能时刻保持做个明白人，我敢说，无论从事什么领域，你都已经成功了一半。接下来，你要做的就是找到自己的核心竞争力。我们所有的战略定力，都必须围绕这个核心竞争力来思考。

这里说的聚焦核心竞争力，说的不是要专注于学习某一个行业、领域的具体技能，现在早已不是一招鲜吃遍天的时代。再牛的技能，也有被淘汰的一天。比如，我们曾经推崇卖干果"一抓准"的售货员、打字速度最快的五笔打字员、打算盘最快的会计、固定时间能生产出标准化零件更多的工人等等，但他们都陆陆续续被时代淘汰了。

就像鲁迅的文章《孔乙己》中，孔乙己炫耀自己会"茴香"的"茴"字的五种写法。可是，会写五种"茴"有什么用呢？

在这个时代，我们最应该关注的，是一个人核心素养及思维方式的培养，它需要我们像做研究一样"小题大做"，把一件件小事情做精做透，深刻地理解行业的本质，再把思路迁移到其他事务的处理、其他问题的解决上。

什么样的核心素养和思维方式是我们应该关注的呢？

回答这个问题，要从到底什么是核心素养和思维方式说起。南京市一所学校的校长给我讲的这个故事让我有了深刻的认识。

学校欲招聘一名新教师，招聘方式是由每个老师试讲一堂课，校长带着老教师听课后做出评价。

老师小 A，上课风趣幽默，不断和学生互动，整堂课气氛非常热烈。老师小 B，上课基本按照传统模式，他讲学生听，提问和互动很少，也不太能看出学生是否跟上了，理解了。试讲过后，两个人只能留下一个。所有听课老师都说小 A 讲得好，气氛活跃，学生参与度高。只有校长一个人觉得小 B 讲得好。虽然所有人都反对，但校长仍然坚持自己的观点。

争执不下时校长说："以前都是咱们选教师，这次让学生选。"投票结果出乎意料，有七成学生支持上课比较闷的小B，而支持小A的只有三成。其中有一个学生的意见很有代表性，她说："小A老师比较风趣，能够带着大家一起互动，但他提的问题都太简单了，几乎不用听课大家也能答个八九不离十，虽然气氛非常活跃，但整堂课下来脑子都不累。小B老师虽然讲课闷，但是层层逻辑递进，同时内容信息量大，且具有一定的难度，在下面听，脑子还真得跟着他动，一堂课下来非常集中。"

这时候，所有老教师才心服口服。

校长这才解释："小 A 教学水平确实不错，但课堂好玩、气氛活跃的方法、套路都是后期容易培养的。而小 B，他可能教学经验不足、具体的教学方法不够丰富，但专业基础扎实，逻辑缜密，也能够把握住这个年龄段孩子的普遍认知水平。这说明他善抓本质，这种思维方式是后期很难培养的。"

校长的话是什么意思？我不是教育专业出身，仅以个人经历来说，从课堂教学的角度，我觉得老师的水平可以被划分为三个层次。

第一层次的老师，关注课堂形式。他们更注重课堂气氛和学生情绪，因而比较关心知识传递的形式够不够热闹、气氛够不够活跃，甚至呆板地规定了每堂课最多讲几分钟、最少提几个问题、什么时候讲笑话活跃气氛等等。但规范的程序往往会限制学习效果，让学习者学得漫无目的、一知半解。这种情况，在很多培训班、兼职私教甚至一些低龄段学校开设的选修课上都比较常见。他们希望在形式上、情绪上得到学习者的认可，但会对学习者成长获益方面有所忽视。

第二层次的老师，关注知识传授。他们认为课程中最重要的东西就是“双基”——“基础知识”“基本技能”，教学时最重要的是如何在有限的时间与空间内，囊括、覆盖更多由概念、定理、公式、信息或权威经典等所构成的学科事实，并让学习者熟练掌握。但是，当几乎所有教科书知识均可通过搜索引擎瞬间呈现，坚持以奖励做诱因、以惩罚做威胁，让学习者十二年如一日的内化知识的做法很可能使其被淘汰。

第三层次的老师，关注素养培养。他们不否认学习者应该努力学习学科知识与信息，但更注重让学习者超越学科知识，运用学科思维解决真实问题，认识并创造世界。正如担任耶鲁大学校长 20 年之久的理查德·莱文的观点：“不传授任何知识和技能，却能令人胜任任何学科和职业，这才是真正的教育……如果一个学生从耶鲁大学毕业后，居然拥有了某种很专业的知识和技能，这是耶鲁教育最大的失败。”莱文这段话让我很受触动，最高级的教育就应该是这样的，世界在变化，未来不可测，一个人应该掌握驾驭万物的学习能力，而非具体技能。

教育教学就像浩瀚大海一样，只有从海底深处暗流涌动、发生变化，才能带动海面形成惊涛骇浪，这样才能真正让学习者发生改变。而很多老师，只是关注形式上的教学方式，课堂表面形式活跃热闹，就像海面上经常被狂风带动形成波澜，而这种狂风带动的“波澜”只有海上的几米、十几米，远不如海底深处的暗流涌动所带动形成的惊涛骇浪。小 A 与小 B 的差别，正如第一层次老师和第三层次老师的差别，校长正是看到了这一点，才毅然选择了小 B。

为什么说了这么多教师和教育的事情？我们已经成人，离开了学校，不会再接受教育了，没法系统培养这些思维品质了啊！这样的观念是极其危险的。在当今这个时代，我们可以不接受系统教育，不接受教师指导，但我们每一个人都必须成为持续的学习者。否则，我们有可能在若干年后被社会淘汰——正如“棒棒”这个职业的日渐落寞一样。

“棒棒”，指的是山城重庆一群在山道上帮人挑重物的穷苦搬运工，他们曾经对当地百姓的生活发挥着重要作用。然而随着科技的进步、交通的便利，这个职业逐渐没落，从业人数也越来越少。关于“棒棒”的生存状态，可以看看豆瓣评分 9.7 分的纪录片《最后一个棒棒》，这部纪录片的导演与棒棒们同工同住一年，真实记录了他们的日常工作和生活。看过这部纪录片后，我除了唏嘘他们的境遇，更惊讶于他们落后的思维方式。真正将困窘惨淡的棒棒们淘汰的，不是科技，不是环境，甚至不是他们年迈的身体，而是他们落后、迂腐的思维逻辑。

片子中有一个“棒棒”，在帮人送货到家时，和货主走散了。他不知道货主在哪儿，又怕把货交给警察拿不到挑货的钱，就一直站在原地等货主，从白天等到黑夜。导演拼命劝他，把东西送到警察局不就行了吗，这么执拗图个什么。那个“棒棒”表示，货主让他搬东西，他把东西搬到了地方，货主就理应给他钱，如果把东西送到警察局，就拿不到钱了。导演又劝他，你拿不到就拿不到了，这七八个小时你帮别人搬东西，这钱不早挣回来了？“棒棒”听到这话貌似心有所动，但犹豫良久，最终还是选择了继续等下去。

故事的结局还是好的，货主找到了“棒棒”，并愿意多给一百元表示感谢，然而棒棒只拿回了应得的工钱，多出的坚决不收。

这个“棒棒”是善良的，他的思维也是单纯的，他觉得任何事情都应该公平——我付出汗水和劳动，就要有工钱；我没付出相应的劳动，就不该拿多余的钱。他不知道很多事情其实不公平，方向错了，付出再多汗水也是白费力气。他不知道时间成本、沉没成本，有些事情可以使“巧劲”，不必事必躬亲付出那么多汗水，反而能赚更多钱。他同样也不知道，人生在于“舍得”，吃亏了要认栽，不能硬着头皮“杠”下去，没有“舍”，不敢“舍”，便没有“得”。

随着交通工具的发展，“棒棒”们的工作空间被逐渐挤压，但他们没有想过积极寻找转变应对之策，而是继续固守地盘、被动地接着散客，靠等待和运气吃饭。直到影片的结尾，导演跟工地的包工头沟通，将工地上的活分包给“棒棒”，才改善了他们的工作状况。

这只是一种理想的结局，如果导演没有出手相助，棒棒们会日复一日，按照既定的惯性去行动，不会从根本上寻找改善之道。他们从来没有想过，哪怕是体力劳动，也可以换一份回报更加稳定、技能持续增长的工种。

我很心疼这些“棒棒”的生活经历，也不想随意评论他们的对错，举这个例子只是想说明，我们每个人都存在思维方式上的局限，这种局限是由自身经济地位、家庭背景、成长环境等一系列因素所决定的。

这是否说明，如果我们处在“棒棒”的位置上，永远都挣脱不了自己固有的思维方式，永远都要在自己固有的环境中挣扎呢？

这部影片还给我们提供了另外一个视角。片子里有一个“棒棒”，干了多年之后，成了“棒棒”们的房东。他知道自己的核心优势：认识很多“棒棒”，熟悉“棒棒”们的一切，于是他决定通过发展和“棒棒”相关的领域赚钱。他在“棒棒”聚集地附近整租了一套房子，再把这个房子分租给熟识的“棒棒”们，日常帮“棒棒”打理生活，空闲了帮“棒棒”们搭把手搬点东西。靠着这种转型，他最终脱离了“棒棒”的身份，生活过得比“棒棒”们都要好。

为什么他能够实现转型？从根本上来说，是他懂得转换自己的思维方式，他提前预判到，自己三、四十岁时可以做“棒棒”，但五十岁后身体将无力支撑他继续从事这一行，不如提前谋划、换个活法。他成功了，但山城重庆里有这么多“棒棒”，又有几个人像他一样想到转型？

我们毕业后，进入某一行当，每个人都有每个人的机缘，有时候算不上是一种主动选择，只是运气使然。接下来有的行业蓬勃发展，有的行业初露锋芒，有的行业日渐衰落，有的行业穷途末路。但对于那些特别有能力、有思路的人，是否选择了朝阳行业、是否把握住风口并不重要。三百六十行，行行出状元，没有赚不到钱的行业，只有赚不到钱的人。无论是“棒棒”，还是你我，总有人在任何行业都不会被淘汰，他们和普通人的区别就是思维方式的差异。

本书能为你提供何种帮助

远古时期，思维方式的差距并不会对人造成多大的影响，人们每天的主要活动就是打打猎、唱唱歌、在石头上画个画。就算那些认知程度高的人，比如部落里的巫师，也不过就是对着星星许个愿，大家差不了多少。但在今天，风口转瞬即逝，科技高速发展，概念层出不穷，信息变幻莫测，世界不是变得越来越友好，而是变得越来越不友好了，这个时候，思维方式的差距就会拉大人和人之间的差距，无形之中将人分成三六九等。

幸运的是，我们还可以通过不断学习，最大限度地培养自己的核心素养和思维方式。究竟哪些思维方式是我们需要培养的呢？

近些年，很多国家、很多组织都在研究核心素养，包括联合国教科文组织、国际经济合作与发展组织、欧盟、美国 P21 协会、澳大利亚、我国香港地区和台湾地区等都发表过相关报告。虽然大家用的词汇不同，有的用“能力”，有的用“素养”，有的用“竞争力”，有的用“思维方式”，但大体方向都是一致的，都是指适应个人终身发展和社会发展需要的必备品格和关键能力。

这些报告集合了无数教育专家数十年的心血。那么，我们能不能对照着这些文件和报告中的建议来培养自己的思维方式呢？当然可以。但是，这些报告归整下来有三个问题：第一，它更多地指向基础教育，强调学生从小应该具备的能力，成年人不一定适用；第二，各种说法实在太多，有一些内容重复，让非专业的研究者看得眼花缭乱；第三，这些纯理论的东西，缺乏实例，让人难以理解。

我挑选了各类报告里的精华，经过三年跨行业、多维度的调研，结合我做记者时接触过的各行各业成功人士的实例，汇总成本书。一言以蔽之，这本书讲的就是在这个变化莫测的时代，如何始终保持自己的职场核心竞争力。

为了方便大家阅读，我将本章以后的内容分成“职场基础”“认知自我”“提升训练”和“巩固内化”四个部分。

在“职场基础”部分里，我会重点和大家交流智能时代的工具性思维——人工智能思维和大数据思维。

显而易见，在过去的几十年里，全新的科技从互联网、手机、电子商务、社会媒体扩展到了所有行业，而且进入了不同行业的生产部门，比如农业、健康业、教育业、软件业，它将给个人、公司和组织带来巨大的发展潜能。

比如，百度推出的智能音箱小度，作为你的虚拟智能助理，它不仅可以进行语音聊天、播放音乐、管理日历、查询信息，还可以回答一些简单的问题，比如“今天北京的天气怎么样”“怎么做一份美味的茄子”。再比如百度推出的百度云，可以为管理巨量数据提供标准化工具。百度所有的智能化产品，最终将实现包括计算机、移动设备和互联网在内的万物互联。

随着智能时代的到来，人工智能和大数据也不再是服务少数精英群体的工具，而是促使知识民主化的工具。我们需要理解这项技术、运用这项技术、拥抱这项技术，进而回到那个我们最关心的问题：人类的哪些职业未来不会被人工智能所取代？

在“认知自我”部分中，我会把目光聚焦在智能时代人类最具天赋的思维能力上，包括认识认知思维和共情思维。如果说前一篇强调“补短”，这一篇则更加重视“取长”。

人工智能和人类智慧产生的机理不同，即使人工智能强于计算，人类智慧依然有人工智能根本无法取代的优势，这种优势不是在量的方面，而是在“追求意义”和“同理共情”方面。正如希腊哲学家卢修斯·梅斯特里斯·普鲁塔克在其著作《道德论集》中所说：“人的头脑并不是一个需要填满的容器，而是需要点燃的火把。”我们不能放弃人类自身的优势，因为抓住它们、点燃它们，就抓住了不会被机器代替的根本，也获取了终身不失业的秘诀。

在第三部分“提升训练”中，我会告诉大家如何通过锻炼关键思维和可迁移思维，成为未来社会的卓越者。就业市场正在发生巨大的变革，快速发展的高科技在悄无声息地创造出新的工作机会，一些旧的职业却在不断衰落、消失，时代不允许我们把职业生涯紧紧寄托在看似稳定的行业领域和看似先进的技能专长上。

在这一部分我将提供一些训练手段，让你学会如何应对复杂的问题，同时打破专业壁垒，练就跨行业间来去自如的核心能力，从而更好地适应职场的快速迭代。

“巩固内化”部分将帮助大家建立适合自己的认知体系。经过前几章的训练，你已经掌握了一些看待事物的思维方式，但所有的思维方式，归根结底都要落脚于实践，否则就会陷入“看了这么多书，懂了这么多道理，依然过不好这一生”的悖论。

知识需要内化，这一部分将教你一套方法，告诉你如何逐步构建属于自己的思维模型，将其衍化为能够决定自己行为的方法论，并灵活迁移到其他领域。同时，在本书的末尾，我也会给出一些自己在生活实践中形成的思维模型，希望起到抛砖引玉的作用，帮助大家形成属于自己的认知体系。

总体而言，这四个部分环环相扣，逐步提升，无论你处于什么阶段，都能在本书中找到适合自己的内容。

世事变化更胜以往，在急剧变化的社会里，不要总是沉迷在世事无常的迷思中，否则除了恐慌，你将一无所得。放任自流、不做筹谋，在危机来临时你只能被动承受。永远不要在家里被盗后才买报警器，不要在得了脂肪肝后才开始锻炼身体，也不要在一段感情逝去后才追悔莫及，我们不能坐等危机来临之后才付诸行动。在社会发生急剧变化之前，我们必须在重重湍流之中，提前重塑自己、武装自己，找到应对剧变社会的不变法则。

部·二

职场基础
——适应智能时代的工具性思维

章·三 人工智能思维

人出于本性，往往更加相信和畏惧没有见过、隐秘陌生的东西。

——盖乌斯·尤利乌斯·恺撒

当直立猿人第一次看见同类手举火把驱赶野兽或熏制生肉时；

当采集狩猎时代人类第一次发现可以顺应自然规律，控制植物生长，春生夏长，秋收冬藏时；

当美洲的阿拉瓦克人第一次看见哥伦布施展“神迹”，把月亮“变没了”而号啕大哭、悲恸不已时；

当英国天主教会看到达尔文发表的《物种起源》，彻底粉碎了上帝创造人和万物的神话时，他们的震惊、恐慌、迷茫，甚至万念俱灰，远比你第一次看见人工智能、看见大数据算法时的无所适从更甚得多。

不过你看，他们在自己的年代活得好好的，根本没有完蛋。

未来之王降生

近年来，泛人工智能论和唯人工智能论盛行。很多商家为了制造噱头、谋取利益，产品都加上“人工智能+”的标签；一些学者为了抬高身价、扩大影响，鼓吹人工智能可以代替一切。普通人本来就对人工智能一知半解，此种风潮的流行，更是造成了他们对人工智能技术的极度恐慌。我们绝对不应该忽视或否认人工智能给我们的工作和生活带来的翻天覆地的变化，但我们也绝对没有必要因此而感到恐惧。

仔细想想，你周围有多少人懂得人工智能和大数据这两个词的意思？再用常理推断一下，你周围有多少人真正理解作为大数据和人工智能的基础之一的概率统计？

我国大学生数量在人群中占比10%，假设其中真正学习并且能灵活运用概率统计的大学生人数占人群总数的10%，这就意味着只有不到1%的适龄年轻人有基础、有可能去学习和理解人工智能的意义。这些有意愿的人经过进一步筛选，也只剩不到1/1000、1/10000的人有能力和机会认识和掌握这项技能，在大家对此并不了解的情况下社会上会形成一股对人工智能感到恐惧的风潮，也就不足为奇了。

在这场声势浩大的技术风潮中，我们的定力只能来源于我们对技术的了解。正如埃森哲咨询公司首席技术官兼首席创新官保罗·多尔蒂说：“克服新技术恐惧症的最好办法就是拥抱新技术，把自己变成新技术的代表。”

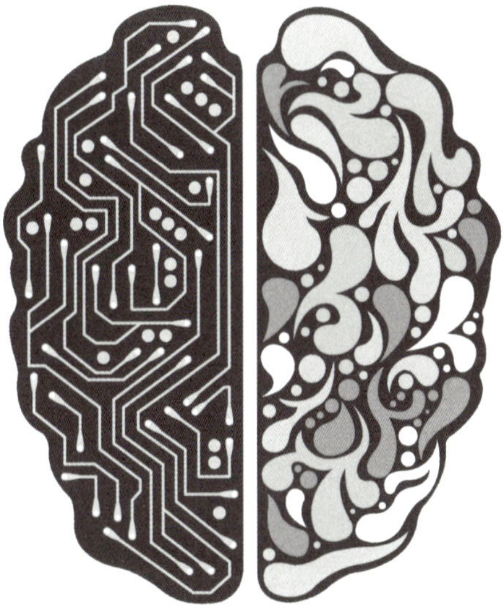

尽管人工智能是在模拟人类思维的基础上出现的，但在漫长的演化过程中，人工智能已经自成一派，成为一套与人类思维完全不同的体系。

这一章，我们力图用最浅显的语言，剥开人工智能概念中机器学习、深度学习、神经网络等词汇身裹的层层华服，探究它们最核心的本质。我们强调去概念化、强调抓本质的目的在于：无论你的学历如何、背景怎样，你都可以从这一章一窥人工智能的究竟，最终克服你的恐惧。

而我的最终目的，并不仅仅是让你了解人工智能这门技术而已，而是希望你掌握人工智能的思维方式。

我们不能说人工智能的思维方式和人类的思维方式哪一种更好，因为它们各有优劣。早在 18 世纪，经济学家亚当·斯密就提出了“根据相对优势来分配任务”的观点。我相信，如果你能掌握人类思维模式和人工智能思维模式的联系和区别，掌握在现有的人工智能发展水平阶段下，哪些是自己应该承担的，哪些应该转包给人工智能，如何利用人工智能的优势为自己服务，那么面对人工智能的冲击，你一定可以立于不败之地。

AI 家族谱系

1956 年夏天，几个计算机领域的科学家写下这样一段序言：

“我们将在达特茅斯学院进行一项由 10 个人组成的为期两个月的人工智能研究……研究的主题是如何让机器使用语言进行抽象思考和形成概念，让他们解决目前只有人类能解决的问题，并自我改善。我们认为，如果仔细甄别一些科学家，组成一个团队，在一起工作一个夏天，就能在一个或多个问题上取得重大进展。”

这段乐观的序言标志了人工智能概念的诞生。但是，直到今天，科学家们都未达成 1956 年的这个目标。

根据人工智能领域专家李开复在《AI 未来》一书中的记述，1983 年，在他开始攻读人工智能领域的博士时，人工智能领域主要分化为两个阵营：其一是规则式（rule-based）方法，其二是神经网络（neural network）方法。经过几十年的发展，人工智能只是取得了“极其有限”的发展。

规则式方法，指的是将人类相关领域的专家的智慧，用一系列写好的逻辑规则编写进软件，教导计算机如何思考。用公式表示为：若 X，则 Y。

比如，要识别一张图片里的动物是不是猫。规则式的方法是给机器指定：“如果一个圆形上方有两个三角形，那么这张图片中可能有一只猫。”这是人脸识别技术的基础。

但这显然会带来误差，因为大熊猫、猎豹、老虎、豺狼都是一个圆形上方有两个三角形，你也可能因为角度不同，发现站着、坐着、躺着或发怒的圆形猫脸上，只有一个三角形。

我们还可以给自动驾驶的汽车设定规则，若碰见人类，则绕道行驶。而自动驾驶的汽车可能根本无法认定前面是一只猫还是一个人。给所有的特征在所有的条件下做出指定是一件非常困难的事。因此，它更适用于简单且定义明确的预测，复杂的情况就不灵了。

我们晚上用手机照相经常找不着脸，为什么？表面来看，是因为机器接收的光线不足，实际上是光线不足导致面部特征虚化，由于机器不会就具体虚化的程度调整规则和标准，无法设定“若 X，则 Y”，所以夜晚无法识别人脸；但我们人类就没有这种困扰，因为我们可以在夜里自动调整面部识别的标准。

你看，认识了这些，人工智能看起来也就没那么复杂和不可思议了。

不过，这些都是规则式方法。在人工智能领域，还有一种人工神经网络方法。人工神经网络是一组用于模拟人类神经系统架构和功能的数学模型，曾在 20 世纪 80 年代末被广泛研究，但后来大家感觉没什么用，这项技术便沉寂了。90 年代初，随着大数据的驱动和计算能力的极大提升，人们觉得似乎可以将其与机器学习结合在一起，学习识别任务的特征，于是，原本垂死的技术又焕发了生机。

我们都知道，人脑中有上百亿个“神经元”，它们互相连接成一个庞大的结构，被称为人脑的“神经网络”。AI 神经网络的方法就是试图通过数学公式模仿人脑神经元的结构来收发信息。由于学界目前为止尚不能知道人脑工作的具体机理，所以创造出来的神经网络只是和人脑结构形似而已。即便如此，它的能力依然十分强大，作为目前人工智能的主流，占据了近几年人工智能技术榜榜首位置。

具体到“看猫”这个例子上。把数百万张标示了“有猫”或“没有猫”的样本图片“喂”给神经网络，让它自行从数百万张图片中去辨察哪些特征和“猫”的标签相似程度最高。这种方法在性能大增以后，有了一个很酷的名字——深度学习。

机器如何“学习”

最近几年，随着深度学习的出现，人工智能在机器人、人脸识别、无人驾驶、机器翻译、语音识别、虚拟现实等方面都取得了突飞猛进的发展。2016 年，依靠深度学习技术，人工智能 AlphaGO，居然战胜了韩国围棋国手李世乭，中国人第一次为人工智能感到惊惧。

为了更好地理解深度学习这个概念，我们需要先引入一个更加宏观的概念——机器学习。深度学习是机器学习各项技术中发展最旺盛也是最成功的分支，也就是说，深度学习具有机器学习的大部分优点，这也是我们需要先了解机器学习的原因。

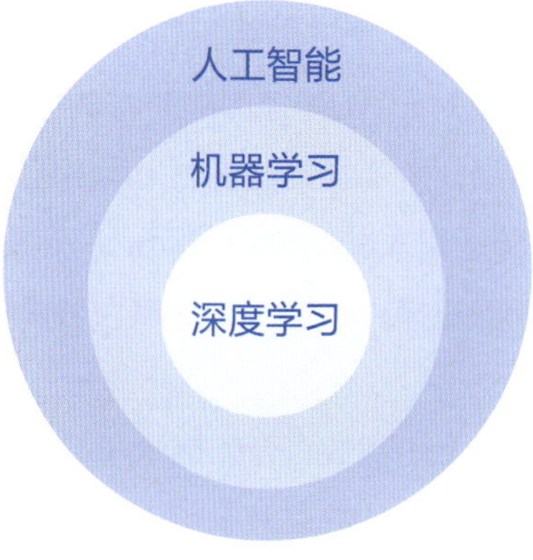

所谓机器学习，指的是从得到的数据集合中自动分析来获得规律（模型），并利用规律（模型）对未知数据进行预测的方法。

这个概念看上去有点复杂，我们说得通俗一点：一台机器要完成某项任务，如果计算机获取关于这项任务的经验越多则表现得越好，那么我们就可以说这台机器“学习”了该项任务的经验。

为什么叫作“学习”呢？因为一般编程语言的做法是定义每一步指令，逐一执行并最终达到目标。而机器学习则相反，先定义（输出）好目标，然后程序自动“学习”实现目标的模式或步骤。

人类也是这么“学习”的，比如在远古时期，人们不知道怎么耕种稻谷，今天撒一把，明天浇浇水，完全没有章法，收成自然也极其不稳定。但经过几代人的学习和观察，人们发现，要想稻谷长得好，对自然条件、种植条件都有一定的要求。学习掌握了这些规律，人们进一步对今年和来年的收成进行预测，建立相应的应对策略，就能从容地驾驭稻谷生长。

机器学习的不同之处在于，它学习的经验来源于数据；其优势在于，通过几天、几周的时间，就有可能达到人类几代人才能够积攒的数据量，完成人类几代人才能完成地对规律的探寻。

而且因为构造和机理的巨大差异，机器对规律和标准的认识，与人类的“学习”也截然不同。

举个例子，如果你去买杧果，但不知道哪个杧果好吃，最简单的办法是品尝杧果，吃完就知道具有个头大、颜色深、形状饱满这些特征的杧果好吃，再买的时候选这种的就可以了。这是人类的经验。

到了机器学习这儿，只要把大量标着杧果特征的数据集合，以及分别对应的杧果是否好吃的数据集合“喂”给机器，机器就可以自动总结出杧果是否好吃的判断标准（模型）。如此一来，当你把新杧果的特征输入计算机，只要匹配程度高，计算机就能根据模型预测出杧果是否好吃。

机器学习还可以用于识别垃圾邮件。机器先从每一封邮件中抽取对识别结果可能有影响的特征，比如发件地址、邮件标题、收件人数量等，然后使用算法去计算数据中每个特征和预测结果的相关度，最终可以预测出拥有这些特征的邮件更大概率是垃圾邮件。

通过选择模型、建立模型，机器学习也可以解决真实世界里很多概率问题。比如，我们的机器可以通过学习积累的历史天气数据得出一个模式：“温度超过 40 度，湿度处于 80~100 之间的地区，很容易发生风暴。”进而预测出某地发生风暴的可能性。

为什么很多技术人员认为机器学习是“人工智能”的重要实现方法呢？这是因为机器学习的数据分析结果——对事物概率的预测，是智能的关键组成部分。

随着数据量的增多，机器随着时间的推移不断“学习”，预测的准确性也会越来越高，而较高的准确性能让机器较好地执行从前被认为是专属于人类智能领域的任务。

来自淘宝的“猜你喜欢”可能更加直观。淘宝根据你以往的购物记录和收藏清单，识别出这其中哪些是你真正感兴趣、愿意购买的产品（你的模式），并做出推荐。如果用户总是搜索洗衣机，那么淘宝会认为你有很大的概率会买洗衣机，因此会更多地推荐洗衣机。如果用户后来收藏了风筝，那么新的风筝数据将被包含在数据集中。淘宝会不断地“学习”这些数据，并相应地做出调整。

当然，我们需要再次强调，机器学习并不能完全解决人工智能的问题，人工智能还需通过其他方式实现，比如前面提到的规则式方法。

超级学霸的碾压

机器学习下的算法很多，包括决策树学习、归纳逻辑编程、贝叶斯网络和人工神经网络算法等。它并不仅仅用来解决人工智能的问题，还可以解决很多其他领域的问题。

在机器学习下的算法中，最接近人工智能的，便是受人类大脑工作机制启发的人工神经网络算法——深度学习。与人类相比，深度学习主导的人工智能简直就是一个超级学霸。

作为机器学习的分支，深度学习也需要从大量数据中识别出模式和套路。先找到几十万盘人类高手对弈的棋谱（人类用一辈子的时间也背不完这些棋谱），在总结完这些数据之后它就得到了一个模型，可以用来预测对手会如何行棋。

但它又和其他传统的机器学习算法有所不同，因为它是通过将前面提到的人工神经网络进行不断地叠加来实现的。

深度学习的具体工作原理如下：科学家把大量的数据输入由多个层级组成的人工神经网络中，然后检查神经网络输出的结果是否符合要求。这中间有许多个层级，层级越多，深度就越深。有的学者认为：四层以上的神经网络就可以称之为深度学习。

如果结果符合要求，就保留这个网络作为目标模型；不符合，就会让离输出最近的一层神经元优化参数，并勒令链接它的倒数第二层神经元做出调整，层层往回倒着调，调完后再次检查结果数据。经过海量的数据一轮一轮锲而不舍地传递、训练，最终，每层神经元的误差以及整个网络的误差都会最小化，输出结果也会最大限度地接近真实模型。

你可以将上一段抽象的话忽略不计，我们可以试着用简单的方式描述一下，把深度学习想象成你与朋友之间玩的图片信息传递游戏。

游戏的规则如下：你的朋友们排好队，每个人只能听到相邻的朋友所说的内容，不能越人传递。在这里，一个朋友相当于一层神经元，朋友的数量相当于网络的深度。在队尾还有一个主持人，判断游戏的胜负。

游戏开始，一张图片被展示给第一个朋友，他通过简短的描述（特征抽象、激活、汇集）把信息传递给下一个朋友，下一个朋友继续传递，一直传递给队列中的最后一个朋友。

当最后一位朋友向主持人描述这张图片后，主持人应该可以正确识别图片，否则，主持人会告知最后一个朋友结果有误，最后一个朋友在调整自己的说法后，还要倒逼之前的朋友也重新修正自己的说法、提供一些新的线索（反向传播），然后信息重新传递，直至你的团队成功。

和上面这个游戏略微不同的地方在于，上面这个游戏中每个朋友传递的是一样的信息，但神经网络每一层传递的信息是不一样的。以识别小猫图像的深度学习为例，目标物的边缘特性（眼睛的曲线线条）会被第一层神经网络传递到下一层解析，下一层则从边缘特性中提取特征（一只眼睛）进一步传递，之后不同的特征组成相应的整体（两只眼睛加一张嘴）又被继续往下传……层层传递，做出区分。总而言之，识别一只猫可能需要数百万个节点，并有可能叠加多达 15 个层级。

为了便于大家理解，我再举个更简单的例子。

某一天，皇上看到一张美女画像，一见钟情。于是：

1. 皇上拿着画像找到身边太监说："去！帮我查查这漂亮姑娘是谁！"

2. 太监拿到画像愁坏了，在这大千世界的亿万人中怎么找啊？仔细看看画像，哎？这服饰颇有些湘西民族特色！于是他叫来了分管湖南湖北的湖广总督："来，你查查吧！"

3. 湖广总督看了看画像，哎？这姑娘穿戴着苗族服饰、吃着杨梅，这都是怀化的特色啊！于是大笔一挥：怀化知府，这事儿转到你那儿处理吧！怀化知府再定睛这么一瞧，哟！这背景的山头儿，不就是怀化靖州的飞山和苗寨么！"赶紧的，靖州知县，这事儿归你！"

4. 靖州知县领了画像回来琢磨，看这金银首饰的，有钱！大户人家！"去，管户籍的小吏，去各个大户人家查查有没有这么个姑娘！"

5. 户籍小吏领了令，一路查下去，迅速回报："县太爷！我觉得吧，画上这个看上去……应该就是……李家村的李翠玲吧……"

于是经过小吏、知县、知府、总督、太监，一层层报上去后会有两种结果：

第一种 皇上："没错！就是她！赏！"太监、总督、知府、知县、小吏一个个非常得意，我们的判断都没错！

第二种 皇上："瞎了你的狗眼！这跟画上是一个人吗？！"于是太监、总督、知府、知县、小吏一个个推翻假设和判断，重新琢磨服装、配饰、背景等要素。

上面环节 1，就相当于给了一个猫的图片，也就是外界客观信息，要求人工智能来识别。环节 2~5 是神经网络的各个层级，每个层级基于自己的能力和实际，提取了相应的特征后进行识别，并将识别的结果一层层传递。最终结果输出后，由人（例子中的皇上）来评判，人工智能（太监、总督、知府、知县、小吏）的判断标准和结果是否正确。

太监、总督、知府、知县，没有一个人能独立找到画像中的人，但是基于“文官制度”这种工作机制，使得他们通力合作，完成了任务。由此可见，深度学习之所以性能被大幅度提高，不是基于某一层面强大的计算能力，而是能力不够数量凑，通过层次叠加产生量变，大幅度提升整体能力。

了解到这里，我们再回到本节重点：深度学习的机器可以实现自我进化吗？

至少从目前的深度学习技术来讲，是不太可能的。因为深度学习作为一种算法，通过层次叠加得越来越多、计算能力越来越强，可以更加精准、高效地计算，但同时，在无法突破这一算法的前提下，它的自我发展，也仅限于计算层面。

深度学习的疆界

如果以上你都能明白的话，你对人工智能的理解，应该已经超越社会上 98% 的人了。接下来，你还需要了解以深度学习为基础的人工智能到底有哪些优势和短板，我们可以依靠或无法依靠它做些什么，这是你未来利用人工智能配合工作的基础。

一方面，深度学习的逻辑基础是曲线拟合，它跟我们人类的学习和认知是截然不同的。

什么叫曲线拟合？在解决科学和工程问题时，人们通常会通过诸如采样、实验等方法获得若干离散的数据。人们努力将这些离散的数据形成一个连续的函数（也就是曲线），或者将这些数据与更加密集的离散方程相吻合，形成一个用于预测新的数据的模式，这个过程就叫拟合。在深度学习中，其过程可以总结为：数据输入、模式识别、趋势推断、结果预测。

简单地说，这就相当于机器做的拼图游戏。外界不停地提供一片片散落的拼图块，机器需要穷尽所有办法，使用尽量多的拼图块，拼出一幅表意尽量完整的图画。实际上机器也不知道自己拼的是什么东西，它只是在尽力去拼出一条规律来。

我们拿人工智能的人机对话举例。人机对话是人工智能领域的一个子方向，通俗地讲就是人通过人类的语言（即自然语言）对计算机输入各种命令或数据，对计算机进行干预和控制的过程，就像你和苹果手机的 Siri 对话一样。

要实现人机对话，首先，人类需先把海量的“人类对话语言”“喂”给人工智能，这都相当于离散的点，没什么规律。人工智能依靠机器学习的方式，将这些对话提取和分析完毕后，总结出一套人机对话的模式和规则，也就是形成一条曲线，让大部分离散的点都可以在这条曲线上。注意，并不是所有的点都可以统一在这条曲线上，那些极少的、和曲线不匹配的点，比如那些匹配不了的语言，会被计算为概率和误差而被删除。

接着，当人类发出新的语言指令时，人工智能依靠机器学习的方式，迅速在给定的文本数据库里找到最相关的词句进行组合并与之匹配，匹配成功则意味着拟合成功。

这也是为什么即使机器完全不理解句子的意思，依然可以给出恰当的回复，它只需要找到和模式相匹配的词句就行。

举个例子，中国人想用英语和机器交流，得在中国人的英语数据库里找固定的搭配模式。你会发现，在打招呼时，中式英语最固定的搭配是：

“How are you？”
“Fine，Thank you，and you？”

尽管不那么符合美语规范，但因为中国人口多，如果完全按照大数据统计，很可能这组对话会成为机器最常见的搭配。当中国人开口问你好时，机器更容易找出“Fine，Thank you，and you？”这句话作为回复，虽然这并不是最恰当的。

虽然人工智能公司会想出各种各样的办法让这种匹配更加自然、接近真实情况，但拟合的道路绝非顺水行舟，由于它不是万能的，所以出现误差的概率总是比人类大得多。我们人类可以随时调整自己的想法，做出灵活的变通，但机器有时候把所有数据拟合成一条恰当的曲线却困难重重。

这里面有两种情况会产生误差。

一种情况是过度拟合：模型的参数与训练数据特别匹配，却无法对新的测试数据做出准确预测。即机器学习不具备在这些数据范围之外的预测能力。

这就好比，我平时在学校教练指导下练习乒乓球，百战百胜、无往不利，然而出了校园这个环境，周遭环境、乒乓球台、观众等全部发生变化以后，我突然发现自己完全按照以往的经验和技巧打球时，一场都胜不了了。

机器学习偶尔也会出现欠拟合的情况：模型的参数与训练的数据都无法匹配。这就好比，我们上学考试时，总想用“大数据”的方式，“推理”出选择题的答案：三长一短选最短，三短一长选最长，两长两短就选 B，参差不齐 C 无敌……这种推理的正确率，你我都心里有数。所以，欠拟合，看似三长一短貌似是个很有逻辑的规律，但在实际运用中一丁点儿作用都没有。

过度拟合需要通过增加训练数据集的大小或降低学习模型的复杂性来解决；欠拟合可以通过增加模型的复杂性来避免。

另一种情况是，在部分情况下，深度学习虽然能输出正确的结果，但由于涉及复杂架构和训练过程，很大程度上妨碍了人们理解深度神经网络到底如何进行计算和预测，导致整个过程缺乏可解释性，就像一个“黑匣子”。深度学习获得的结果只是一个机械的分类器，这跟人的认知或感知完全是两码事。

这就好比，你上学时遇到不会的题就会说：“爸，这道题怎么做？”爸爸帮你做完题，你交作业。你所建立的认知是：遇到难题，不会做——交给爸爸——我不知道爸爸怎么算的，但他给出答案了——拿答案、交作业，完成啦！

这和我们对待人工智能深度学习的方式简直是异曲同工：

遇到难题，不会解决——交给人工智能——我不知道人工智能是怎么拟合的，但它给出了答案——拿着答案到其他地方运用，完成啦！

然而，爸爸会做题，不代表你会做，你只是知道有难题找爸爸而已。就像深度学习“黑匣子”，人工智能会解决，不代表人类拥有解决问题的思路逻辑。

因此，我们也需要注意，不能太过依赖人工智能的“黑匣子”，总是有难题找爸爸，不利于我们独立思考能力的培养。

理解了深度学习的本质，你就会明白，深度学习算不上万能，它强于运算，但离精确地预测世界还很远，寄希望于人工智能实现所有的人类智能并不现实。而人类，虽然可以解释世界，把握万物运行的基本规律，但在数据和计算上实在不够擅长，在这一点上还需要依赖人工智能和大数据，相关内容我将在下一章“大数据思维”中继续说明。

章·四

大数据思维

10亿小时之前，现代智人出现了。10亿分钟之前，基督教诞生了。10亿秒钟之前，IBM的个人电脑上市了。10亿次谷歌搜索之前……是今天早上。

——谷歌首席经济学家哈尔·瓦里安

美剧《疑犯追踪》里给剧情设定了这样一个背景：未来，人工智能可以根据一个人的面部长相、姓名、宗教信仰、过往资金流、交通出行轨迹、通话记录等信息来判断一个人成为恐怖分子的概率有多大，然后提前把这些信息交给国家安全部门，从而防范危险情况发生。

这种通过搜集和筛选海量的信息（数据）来寻找规律的思维方式，也叫作大数据思维，它和深度学习有着密不可分的关系。实际上，它并非只存在于对未来的想象中，而是已经在我们真实的生活中产生了惊人的效果。

比如英国有一款很火的APP叫Babylon Health，它能帮助国家健康服务组织简化诊断过程。用户只要登录后打开聊天窗口，算法就能根据你过往记录的病情（数据）提出一些建议和信息，连同把你的询问内容过滤后发送给医护人员。

如果你还不理解什么是大数据思维，看看它在疫情期间所做的贡献，可能会让你对大数据思维有个更直观的印象。你常见的疫情地图、人群追踪、同乘查询、趋势预测都是基于大数据分析做出的产品。以人群追踪为例，通过将运营商的基

* 数据和信息是有区别的，但本书暂且不做区分，因为在这里混为一谈是无害的。

站数据、银联或第三方机构的支付数据、交通系统的出行数据进行汇总并交叉比对，可以追踪到确诊患者近期的密切接触者。

正如《智能时代》的作者吴军所说："大数据思维不是抽象的，而是有一整套方法让人们能够通过数据寻找相关性，最后解决各种各样的难题。每一个人、每一个企业在接受大数据思维，改变做事情的方式之后，就有可能实现一些在过去想都不敢想的梦想。在这些梦想的基础上，我们能够构建一个完美的商业环境和一个更加现代化的社会。"

大数据的世界观

在大数据这个概念出现之前，人们如果想要通过数据做预测，只能依靠传统的统计学方法，从所有数据中抽取一部分样本，通过精确分析样本的性质来粗略估计数据整体的性质。

举个例子，你发明了一种蛋糕，你想知道这款蛋糕在全国各地群众中的体验如何，可是让所有人都来试吃不现实。

于是，你从全国南北东西四个方位的几个重点城市中选取了 10 岁到 60 岁的数十位不同姓别的用户，给他们寄送蛋糕的同时让他们填写问卷，由此判断你的蛋糕是否适合推向市场。从想要研究的全部样品中抽取一部分样品单位，就是传统统计学的抽样方法，这是数据不够时不得已采取的一种办法。

但是，伴随着互联网的飞速发展、数据采集技术和数据分析技术的提升，人们发现，原来我们有机会获取更大体量、更多种类的数据。

2016 年，全球网民数量达到 34 亿，移动用户达到了 37.9 亿。用户在谷歌、百度、亚马逊、微信、淘宝、高德地图、大众点评等平台的上网痕迹，比如搜索历史、收藏历史、浏览历史、点赞历史、位置历史……这些本来属于生产或服务过程中的副产品，被互联网巨头们汇集起来，就形成了大数据。

目前为止，学界和业界对大数据并没有统一的定义，而学术机构、商业机构或公共平台也只从自己的角度来定义大数据，但总的来看，大家都比较认可的大数据特征是：大体量、多类型、完备性。

超大的体量是大数据的基础。正是因为超大的体量，使得大数据可以和刚刚实现技术突破的深度学习结合起来。前面我们提到，深度学习的实质，是通过构建多层神经网络的机器学习模型训练数据、学习特征，从而最终提升分类或预测的准确性。有了这些更大体量的数据，神经网络就能更好地理解大数据里蕴含的模式、刻画出数据里丰富的内在信息。

科技学者凯文·凯利在他的著作《失控》一书中解释得更清楚：当高度互联的低级群体的数量大到一定程度时，群体特征才会涌现出来，该特征是群体中的任何个体都不具备的。比如，大量水滴汇集成河水、海水，便会产生让水滴“感到陌生”的新特征——漩涡和波浪。

群体特征一旦形成，人们自然能够有针对性地利用这些数据做一些事情。比如，通过传感器检测到超大体量的苹果手机用户群体的心率变化：一天之内什么时候心率达到巅峰，或者一年或十年之中心率是否有所加快或放缓。这样，就可以找到心率数据和中风之间的关联，进而预测出特定用户患中风的概率。

显而易见，规律从数据中来，那么能用于分析的数据越多，得到的规律也就越准确，而当千千万万的深度学习用户把与之相关的使用习惯传入已有的数据集合中时，大数据也能产生涟漪效应，进一步优化深度学习的模型。AlphaGo 便是大数据训练出来的硕果：古今中外的海量对局愣是把不懂围棋为何物的人工智能机器训练成了独孤求败的高手——虽然 AlphaGo 对棋道以及其中蕴含的哲理一窍不通，但围棋大师还真就下不赢这个以蛮力取胜的“愣头青”。

由此可见，大数据最大的优势就在于“大”。但这个“大”并不是常规意义上的大，而是近乎无穷大。当大数据与深度学习结合时，由于神经网络是一种以输入为导向的算法，所以优质的结果一定是取决于接近无穷量级的数据。这个量级可能是常人无法想象的，就拿图像处理来说，数十亿的数据量看似量级很高，但对于深度学习来说只是小样本。

获取如此多数据，会增加很多成本，如果你是一个决策者，可能需要在更多数据的利益和获取数据的成本之间进行权衡，这是大数据思维的第一个重要组成部分。

用数字描述一切

除了具有超大体量的特征之外，多样化也是大数据的重要特征。大数据实际上是集合了方方面面、各种各样的数据，有结构化的数据，也有非结构化（网络日志、音频、视频、图片、地理位置信息）的数据，我们在使用数据的过程中必须将它们融合、联系在一起。

换句话说，要想正确地使用大数据，首先，必须扩充数据的来源渠道；其次，要学会将信息正确地量化，这也是大数据思维的一部分。

如果你看过电影《点石成金》，可能会对量化思维理解得更加深入。这个由真实事件改编的故事讲述了美国职业棒球大联盟中一支小本经营的球队奥克兰运动家队，曾因为资金匮乏、主力纷纷跳槽导致未来的赛季前景渺茫。但经理比利在一次偶然的机会下，和耶鲁大学经济学硕士彼得合作，利用自创的“棒球统计学”，最终上演了穷球队逆袭成为富球队的故事。

电影本身的内涵非常丰富，但从数据科学的角度来看，比利所做的最重要的事，就是摒弃旧有的基于直觉和经验的评价体系，使用电脑分析海量的历史数据，把包括打击率、长打率、防御率、胜投数、全垒打数、打点数等数十项球员评价指标进行全方位科学量化。

如今，这样的做法已经不再新鲜。我们都知道，创作出《纸牌屋》的美国在线影片租赁提供商 Netflix，依靠"数据分析指导影视创作"模式——挖掘大量订阅用户特征数据的同时将其量化，辅以精妙算法，来确定哪些节目值得拍摄，邀请哪些明星最合适以及如何推广分发。

那么，Netflix 是如何科学量化指标的呢？和传统的电视巨头以卖广告为生不同，Netflix 的收入主要来源于订阅用户，那么一部电影或电视剧为 Netflix 贡献多少新增和留存用户就成为内容评判的重要标准。

但这一点又很难监测，于是 Netflix 想到了一个量化指标，就是"有价值时间"。"有价值时间"并不仅仅考虑用户们在 Netflix 平台上的收看时间总和，还要考虑该用户在 Netflix 平台上的收看时间在其总收看时间中所占的比例。

假设订阅用户们在 Netflix 平台上只看某一部电视剧，但是他们每月还向 Netflix 付费，那就意味着这部电视剧对他们来说真的很重要，Netflix 将会认为这部电视剧对 Netflix 来说很有价值。

"有价值时间"虽然是 Netflix 最看重的因素之一，但是，公司分析内容时也不会仅仅拘泥于这一个指标，比如，Netflix 同样看重订阅用户对某一部电视剧的喜爱程度。你可能会觉得"喜爱程度"这个指标很容易量化，比如咱们现在用的豆瓣 5 星评价系统就可以清晰地显示这一点，实际上并不是这么简单，因为很多观众会根据客观因素（包括观影环境、政治导向、演员选择等方面）而不是他们看节目时的喜悦程度来给电视剧打分，所以这一指标有着十分复杂的内涵。

很多事物都可以量化。一串串字符是对文字的量化；数字音频是对声音的量化；微博和论坛是对思想观点的量化；转发和点赞是对传播的量化；社交网络是对人际关系的量化……但是，量化并不是一件容易的事，它要求你精准地理解事物，同时选择合适的标准和参考系，正如英国物理学家开尔文勋爵所说："当你能够量化你谈论的事物，并且能用数字描述它时，你对它就确实有了深入了解。但如果你不能用数字描述，那么你的头脑根本就没有跃升到科学思考的状态。”

量化的好处是什么呢？你获得的可量化的信息越多，你的预测结果就更加准确。举个例子，你要统计一种红酒好不好喝，仅有年份的数据是很不够的，如果你还有葡萄酒的产地信息：土壤成分、四季降雨量、生长期的平均气温、葡萄酒颜色等，你就能更加精确地判断出这种葡萄酒的好坏，这就是量化大数据带来的好处。

当大数据来源广泛、类型多样时，它会让我们更加精确地认识事物，因为不同来源、不同维度的数据之间存在一定的关联度，可以进行交叉比对。打个比方，某省份的工业产值很高，但用电量和能耗却没有达到相应的规模。这就是数据异常，数据异常很容易被系统识别出来。发现异常后，相关部门再进行复核，就能更有针对性地防止、打击数据造假。

量化同时也意味着客观，它在某种程度上可以让我们摒弃偏见带来的缺陷，不带感情地用证据和数据说话。

目前，学界已经涌现了许多大数据分析打败人类专家直觉的例子。麻省理工学院斯隆管理学院的教授埃里克·布莱恩约弗森与其他教授合作，利用人工智能预测哪些青年学者将在顶尖大学取得永久教职。他们不是根据主观想法来做出预测，而是将青年学者早期文章的出版记录和引用形式量化，引入自己的模型并不断调整，最终，该模型的预测结果有 70% 与职称委员会的意见一致。

虽然人类的大脑天生就不善于甚至很反感处理统计及与数字相关的工作，但客观上给人们带来的益处无疑是巨大的。因此在某些事情上，人类也必须习惯于将事物量化，并学会使用人工智能和大数据技术处理这类问题。

统计思维依然关键

与传统意义的数据相比，大数据还有一个优势，就是它的完备性。这种特性，让我们在采用这种方式时，可以在一定程度上规避抽样技术本身带来的误差。

比如 2016 年的美国大选，很多美国人都认为希拉里会获胜，因为网上某些抽样调查结果显示希拉里的获胜率在 80% 左右，而特朗普的获胜率只有 20% 左右。但结果是特朗普赢了。

拼多多 APP 出现的时候，很多互联网人惊讶的说："我平时也做调研，怎么就没有想到客户的这个需求！"这很正常，因为做互联网的人一般都在大城市，他们的眼睛也只盯着大城市的需求，二、三、四线及以下城市居民展现出的需求很容易被忽略。

就这一点而言，大数据更有优势，因为在这个时代，每个人都会提供数据，并被全面地记录下来。假使有一家公司，能够获取所有人的各种消费行为的数据，包括刷卡支付、交通出行、娱乐活动等，把这些和他们的性别、职业、喜好、消费能力等数据多维度的有机融合，那么商机自然会从这些数据中显现，出现偏差的概率就会小得多。

不仅在商业领域，其他领域获得完备的数据也是有可能的。Google 为了实现无人驾驶汽车上路，甚至采取穷举的笨办法，把目标地区障碍物的形状、大小、颜色，每条街道的宽窄、道路限速、不同时间交通情况、人流密度等信息都事先做出量化处理，一旦汽车驾驶到某个地方，都能迅速把这些数据拿出来做参考，这在某种程度上也被认为是全数据。

但是，如果因此就简单地将大数据时代的样本等同于全体，从而摒弃传统抽样调查的统计学方法，即简单地数一数就可以自然得出结论，不需要再对数据做加工分析，这种观点是完全错误的。

大数据是“原油”，但不是“汽油”，不能被直接拿来使用。传统的统计思维依然是大数据思维的一部分，因为大数据和普通数据一样，只是告知信息，并不解释信息，因此，即使我们掌握了大数据，依然需要统计思维。

2019 年 12 月 4 日，国际经济合作与发展组织（OECD）公布了国际学生评估项目（PISA）的测试结果，中国的参赛队伍取得了阅读、数学、科学三项科目的冠军。

PISA 测试是由 OECD 对世界范围内 15 岁学生阅读、数学、科学能力进行评价研究的项目。从 2000 年开始，每 3 年进行一次测评。中国的三科第一，可以说是十分瞩目的成绩了。

但如果你仔细看《PISA 测试中国排名第一》这样的新闻报道中对学生成绩的解读，就会发现情况并不乐观。比如，解读中有这样两段话：

“在单项学习时间方面，我国学生在阅读、数学和科学上的平均学习时间分别为 4.6 小时 / 周、5.0 小时 / 周、5.5 小时 / 周，在参测国家（地区）中分别排第 7 位、第 8 位和第 3 位。”

“三项总学习时间方面，我国学生在阅读、数学、科学三项上的学习时间较长，三项课时占总课时数的 47.6%，在参测国家（地区）中排第 17 位。”

我们各学科总课时都远远高于其他国家，打个比方，咱们一天 8 节课，人家可能一天只有 5 节课。我们的成绩是靠大量的时间换来的。

这就好比，你班里有个同学，经常只上半天学，剩下半天用来踢球、玩游戏，最后期末考了班里第三。你天天上课听讲、勤记笔记，晚上回家学习到 10 点，每天除了学习不干别的，最后考了班级第一。

以上就是对 PISA 测试报告人为做出的数据分析，我们可以发现，数据也好，大数据也罢，都只是决策参考，真正做出解读的是人。那些看起来金光闪闪的名次和令人动容的新闻标题并不是事实的真相，只有拥有统计思维，才能看清数字背后的东西，看清各项数据之间的联系，看清数据所代表的真正意义。

不看因果，看相关

吴军在《智能时代》一书中写道：“在无法确定因果关系时，数据为我们提供了解决问题的新方法，数据中所包含的信息可以帮助我们消除不确定性，而数据之间的相关性在某种程度上可以取代原来的因果关系，帮助我们得到我们想知道的答案。”他认为，从传统的因果分析转向相关性分析，是大数据思维的核心。

追溯事物的因果我们都能理解，那么，什么叫分析事物之间的相关性呢？

《大数据时代》的作者维克托·迈尔·舍恩伯格认为，与传统数据分析的逻辑推理研究不同，大数据研究是对海量的数据做统计性的搜索、比较、聚类和分类等分析归纳。所谓“相关性”是指两个或者两个以上变量的取值之间存在某种规律性。A 和 B 两个数据有相关性，只反映 A 和 B 在取值时相互有影响，并不能告诉我们有 A 就一定有 B，或者反过来有 B 就一定有 A。但只要了解这一点，就可以为人们的各种决策指明方向。

最经典的案例要数啤酒与尿布的故事。20 世纪 90 年代，美国沃尔玛超市的管理人员在分析销售数据时发现：啤酒和尿布这两种看上去毫不相关的商品经常被同时购买，也就是说，超市的啤酒和尿布显示了某种相关性。

之所以有这样的相关性，其实是因为大部分美国家庭一般由妈妈在家照看孩子，爸爸去超市买尿布。男人在买尿布的时候，会顺便为自己买几瓶啤酒。于是，沃尔玛超市的管理人员做出决策，将啤酒与尿布摆放在相同的区域，让年轻的爸爸们能同时方便地拿到这两件商品，从而提升啤酒的销售量。

其实，沃尔玛超市不需要分析相关性背后有什么原因，只需要知道啤酒和尿布之间存在相关性，就可以用以指导自己的物品摆放策略了。这就是我们所说的，从传统的因果分析转向相关性分析。

过去，人们一直按照寻根求源的方法来了解这个世界，很少做相关性分析，主要是因为数据的体量不够大，数据的种类也不够多。而且很多复杂的问题如果通过因果逻辑关系去推理，不仅耗时耗力，还不一定有结果。如今有了大数据，我们相当于找到了一种解决问题的全新途径：只要发现了两个现象之间存在着显著相关性，就可以先为人们的决策指明方向，再来倒推因果，或者根本不必弄清楚其中的原因。

举个例子，美国的研究人员发现，在利用大数据预测手机客户流失时，会发现很多变量以令人想象不到的方式相关联。比如，在月初就积累了大量通话时间、高额电话账单的人比到月末才积累大量通话时间的用户流失的可能性更低。此外，周末异地通话时间长、缴费时间迟、爱发短信的用户也容易流失。我们很难通过因果关系找到导致这些客户流失的原因，但通过大数据寻找相关性，即使我们不究其因果，也可以找到减少客户流失的手段。

再举一个比较有“中国特色”的大数据应用案例。中国有些不太正规的小型网络游戏公司，预算有限，不知道找哪些明星做推广。于是，这些公司就偷偷将明星的照片抠下来PS到自己的游戏上，随机分发给不同的用户。之后，通过大数据分析出哪个明星头像的点击率、转化率、拉新率最高，就决定和哪个明星签约进行全面推广。整个过程完全摒弃了通过人为逻辑寻找契合明星的做法，而是让用户投票，直接找到效果最大化的明星——尽管并不知道用户为什么选择了这个明星。

也许你觉得这种“知其然、不知其所以然”的方法有些大胆，但只要你愿意尝试使用这种方式，说明你已经跳出了单纯追求因果关系的做法，开始寻找相关性。正如维克托·迈尔·舍恩伯格所说：“建立在相关关系分析法基础上的预测是大数据的核心。因此，我们只有理解了大数据时代的相关性思维，才能适应这个时代的变化。”

可以量化“一个男人到底有多爱你”吗

虽然大数据思维是一种进步的看待世界、解决问题的思维方式，但是为了避免将大数据思维万能化，我们要从以下几个角度深入了解大数据思维。

首先，并非所有的事物都可以量化，强制量化必然会损害事物的精确性。

我们生活中会见到将一切生活方式都数据化的“科技宅”，他们购买炫酷的穿戴设备，下载有记录功能的 App，逢事必参考评分网站，严格遵循包括每天摄入多少卡路里的食物、每天睡多少小时、步行多少小时的生活规律。

我们还会见到有人这么回答网友的问题：如何判断一个男人有多爱你？

答：通过男人在你身上花了多少钱、买了多少包、每周陪伴多少时间、每天打多少通电话来界定。

但是，当你把一个人和一个人的行为分解为一堆原子，再把这堆原子还原，还原后的东西还能叫一个人吗？这个人过的生活还能叫生活吗？

再看看我们隔三岔五就能看到的行业大数据调研分析报告。虽然听上去头头是道，但实际上，这些报告中被量化的词汇——参与度、关注度、影响力的量化标准无人得知。

参与度——就是举办了多少次会议、有多少人参加？

关注度——就是专家学者讲话的词频？

影响力——媒体共计有多少篇报道？

在这些量化指标下形成的报告到底价值几何，是否真的可以用于指导实践？这种为某种特殊目的强制创造数据的结果实在令人生疑。

当用数据解决问题的方式被越来越多职场人士采用，我们应注意：在甄选量化指标时，不能把希望寄托于人的良知，不能要求所有人都严格按照标准生产大数据产品。同时，我们还应努力避免由思维盲区造成的对量化指标的错误选择。

其次，并不是只要收集的数据越多越全，就一定能发现重大的规律并准确预测未来。

有些乐观的统计学家宣称，数据越全，越能获得爆炸性的商业成功，越能让企业立于不败之地。这显然是一种机械化的思维模式，好像“刻舟求剑”。

世界和未来是不确定的。过去积攒的数据只是历史，历史之外有很多变量，过去对未来虽有参考，却也能力有限。

那个著名的关于猪的寓言，就是说明了这个道理。

一头生活在猪圈里的猪注意到每天都有饲养员喂它食物，它收集了 99 天的完备数据，基于大数据统计做出预测：未来每天都有免费的食物提供给自己。在第 100 天，它的预测得到了证实，一个光彩夺目的大数据成功案例诞生了。但在第 101 天，它被送进了屠宰场。

追求数据的完备性是非常困难的，再聪明的人工智能，在数据不完备的条件下也无法准确预测，而人类却拥有世界如何运作的认知模型，可以基于少量数据见微知著、窥斑见豹、一叶知秋。就好像苹果从树上落下砸中了牛顿的脑袋，牛顿由此发现万有引力。但是这个苹果如果砸在一台人工智能机器上，就不会得出同样的结论了。

这也是为何人类绝不会把绑架、失火、泥石流等临时突发性状况交给机器来处理的原因。这些事件发生时往往信息有限，按照机器需要大量数据的思维模式，等到我们把相关数据搜集齐全，可能这些事件已经不需要预测和解决了。

因此，比较好的决策方式之一是，人类利用人工智能和大数据分析已有的常规数据，生成大多数事件的基础预测，人类负责检测这个基础预测的结果，而在罕见情况发生时，人类提供例外情况的预测。

最后，我们必须了解的一点是，当大数据只分析相关性，不对事物背后的因果关系做出判断时，它是存在缺陷的。

古往今来，大树长高，旁边的花草一定也会长大，所以树长带来了草长，这是相关性。但相关性不是因果，不是本质，因果性应该由人来分析——是太阳的照射既带来了树长，也带来了草长，但树长不是草长的原因。如果对此不做分析，就会得出很多错误的结论。

再举一个生活中的例子，大家肯定注意到：小区楼下的快递柜设得越来越多。

抛开资本运作等因素，这个结果很像机器根据大数据做出的相关性分析：滞留在快递员手里的快件数量越多，则快递柜的需求量越大。

如果你只看到这样的相关性，很可能会做出大力发展快递柜的决策，但快递柜真的有必要增多吗？

相信你我都有体会，这背后真正的原因是：快递员越来越懒，联系业主后再把快递送到业主手上会浪费时间、精力，还不如在收到快递后直接第一时间抢占快递柜，免得快递柜晚些被其他快递员的包裹给占了。

由此可见，决策时，我们需要数据给出相关性的分析，同时也需要人的判断。说到底，机器始终只是为人类服务的，最终的决策需要人来做。

电子科技大学教授周涛是提出“大数据时代相关关系比因果关系更重要”这个观点的《大数据时代》一书的译者，但他也在前言中表示并不认同这个观点。他认为，这是一种机器学习以结果为导向的研究思路，让我们注重“计算机工程”，而忽略了“科学”，得到了“结果”，但失去了“过程”。更让周涛教授担心的是，放弃了对因果的追求，放弃了人凌驾于计算机之上的智力优势，是人类自身的放纵和堕落。

前面我们曾经提过雀巢胶囊咖啡机的例子。实际上，里面还有一个不为人知的故事。胶囊咖啡机的销量之所以会一飞冲天，跟一个决策有关——将咖啡机的销售从办公室转到家庭。之前雀巢旗下的奈斯派索公司曾经做过消费者行为调查，这个调查显示家庭中的消费者对机器的购买意愿不高，没有达到市场调查部门规定的量化门槛。奈斯派索营销经理尚保罗·盖拉德坚决认为自己的直觉没错，他用巧妙的数据诠释能力，最终说服了公司冒险一搏。

如果他向数据结果妥协，胶囊咖啡机将没有机会成为今天的爆品。

行文至此，我们将前两章的内容总结一下，在技术层面，人工智能有三个要点，它们分别是：

1. 当前人工智能领域最火热的两个名词：深度学习和神经网络。
2. 人工智能之所以能够迅速发挥作用，基础养分是大数据；
3. 人工智能处理问题的逻辑基础是拟合。

章·五

人工智能取代人类

贤者以其昭昭使人昭昭，今以其昏昏使人昭昭。

——《孟子·尽心下》

2017 年 8 月，Facebook 公司一位名叫安东尼奥·加西亚·马丁内斯的高管辞掉了工作，带着猎枪，隐居到西雅图北部的森林中。

他对人工智能主导的未来感到悲哀，认为 30 年内一半的人类会失去工作，并有可能引发叛乱和武装冲突。

而马丁内斯的那些以谷歌技术总监、《时代周刊》封面人物雷·库兹韦尔为代表的硅谷同行们，则完全不同意他的观点。他们长期服用保健品，想方设法控制自身的疾病，以保证能活到超人工智能诞生之日。在他们眼中，人工智能将会带来永生。

毁灭和永生，是人类对人工智能的两大终极想象，但离普通人还过于遥远。智能时代给我们带来的真正焦虑，其实在于人工智能是否会剥夺人类的职业机会。

咱们梳理一下，有关人工智能的担忧其实包括三个方面的问题：

随着人工智能的发展，我所在的行业会不会从根本上被人工智能取代？未来我的行业还有没有存在的价值和意义？

哪怕行业没有被取代，我所处的岗位，会不会被人工智能取代？未来我的岗位还有没有让人来操作的必要？

哪怕岗位没有被取代，如果我不学习编程等智能时代的具体技术，是不是会像之前因为没有学习电脑技术导致落后于时代的人一样，多年以后也会被时代所淘汰？

我们在这一章将对这三个问题做出解答。

围棋碾压人类？敢不敢打一把麻将

大家可能已经发现，我们对人工智能思维的介绍，主要还是集中于机器学习和深度学习。

实际上，有关人工智能的定义有很多种，之所以在这章把人工智能定义为一种数据驱动的学习方法，是因为深度学习是近年来人工智能热潮中的主流，几乎垄断了人工智能领域里所有流行的技术方向，也是人工智能近年来取得重大成就的根本原因。职场人士有必要了解它、学习它、利用它。

但我们历数这些成就就会发现，无论是 DeepMind 公司研发的 AlphaGo 击败围棋冠军李世乭、微软公司在 ImageNet 计算机视觉识别挑战中超越了人类的识别分类能力，还是谷歌通过了自动驾驶测试，所有执行的任务应用范围都必须在某一合适的场景之内。

什么是合适人工智能的场景呢？根据清华大学智能研究院院长张钹院士的总结，这个场景要满足 5 个限制：确定性信息、完全信息、静态的、单任务和有限领域。总而言之，就是一个照章办事、毫无灵活性可言的场景。下面举例来分别解释这些条件。

比如围棋、象棋这样严格限定规则的游戏都是朝完全确定的方向演化，没有任何场外突发因素来改变局势，即使问题再复杂，也可以用简单的模型来解决。这种静态的情况下，机器远胜于人类。

这些棋类游戏，只有一个目标——赢，也就是单任务。如果你告诉 Alpha Zero，下棋时有两个任务，除了赢，还要充分顾忌 AlphaGo 的自尊心，不让它输得太难看，相信 Alpha Zero 会直接蒙掉——难道我要故意输几步棋给它吗？那么到底输几步才好？而人类却可以处理多线程的任务，比如让一个企业家在兼顾经济效益的同时也注重环境保护。

那么什么是有限领域呢？举个例子，虽然人工智能可以下好围棋，但让人工智能打赢麻将，恐怕在现阶段也很难实现，因为麻将是不完全信息博弈，不可计算的变量实在太多：我们不知道对手抓了一手什么牌，也不知道接下来大家分别会摸到什么牌，也不知道对手会如何猜测自己——也就是说，运气和概率的成分偏多。

假设在打麻将时，桌上已经有 3 个 5 条，按照概率，接下来有人胡 5 条的概率非常低，但偏偏就是最后一个 5 条点了炮；或者受到偏好的影响，有的人习惯只胡庄家，不接闲家的炮，作为闲家，我们本可以根据这个人的特点大胆出牌，但机器可能对此一无所知。

总的来说，AI 必须在满足这 5 个限制场景下发挥作用，即使当下非常火热的谷歌自动驾驶车，作为当下人工智能技术集大成者，也始终只能存在于受控的确定环境中。

这种确定的环境包括天气好、能见度高、道路简单、几近无人，以及路面所有车辆都按照规范的驾驶规则行驶。车身上还得贴着谷歌自动驾驶汽车的大 Logo，就像我们刚学会开车时车身上贴的“实习”二字一样，提示周边的人不要给新手司机制造太复杂的环境。

真实世界的运转极为复杂，在目前的条件下，一旦无人车被放置于城市街道和高速公路等复杂多变的现实世界，没人能预料到底会发生些什么。

自动驾驶技术的本质，是通过数据驱动的方法，学习不同场景下的图像分割，并判别是车辆还是行人、道路等，然后建立三维模型，在三维模型上规划行驶路径。

它只能处理从前训练过的情况，如果出现突发事件，比如其他车辆急转向或者行人破坏规则，冲过亮着红灯的人行横道，又或者路口忽然冲出来电动车等情况，则极易发生事故。

从根本上说，这是因为自动驾驶汽车没有理解能力，就算收集到了大量的数据，它仍然不知道看到的吉普车和卡车到底是什么物体，它们之间有什么关系，也不理解突然闯红灯是危险的、下雪天路滑要慢点开、旁边轨迹异常的车是否应该避让。自动驾驶汽车没有这些常识，只能应对从前训练过的情况，不能在突发情况下做出正确的抉择。

人工智能的这一特性，让我想到了哲学家约翰·塞尔于 1980 年提出的“中文房间”的实验。这个实验是说，如果把一位只懂英文不懂中文的人关在一个封闭的房间里，他和我们只能通过门缝传递纸条交流，我们传进去的纸条全部由汉字写成。

这个人身上除了带着一本写有汉字翻译程序的书，还带了足够的稿纸、铅笔。他可以利用中文翻译程序把传进来的汉字翻译成英文，再利用程序把自己的回复翻译成汉字传出去。在这样的情景里，外面的人会认为屋里的人通晓中文，但事实上这个人只会操作翻译工具，并不懂中文。塞尔做这个实验的目的，是想要论证即使通过了图灵测试，机器也不见得拥有智能。

图灵测试是由科学家艾伦·麦席森·图灵于 1950 年提出的一个关于判断机器是否能够思考的著名试验。实验中，让一台机器和一个人共同坐在幕后，让一个裁判同时和幕后的人、机器交流。多次提问后，如果裁判不能确定被测试者是人还是机器，那么这台机器就通过了测试，并被认为具有人工智能的特征。

虽然塞尔的“中文房间”实验的论证或多或少有点问题，不能彻底反驳图灵测试，但还是证明了一点：我们现阶段对提高人工智能技术所做的所有努力，都是在完善那个中英文翻译程序，从来不是去让机器真的产生智能。

“贤者以其昭昭使人昭昭，今以其昏昏使人昭昭。”在这里，我想引用《孟子》中的这句话来阐述观点。这句话说的是“贤人要先使自己明白，才能使别人明白”。当我们尚未弄清楚人脑的运作机理时，又如何让人工智能模拟甚至超越人的大脑呢？

很多科技研究者渐渐地发现了这一点，这大概也是为何在 2018 年年末，谷歌自动驾驶项目负责人和硅谷大佬、苹果公司联合创始人分别承认“自动驾驶汽车在路上普及还要几十年”“自动驾驶汽车不可能在不久的将来实现”的原因。

总而言之，以神经网络和大数据为基础，能够分别解决图像识别、人机对弈、人机对话、语言翻译等问题的人工智能技术，虽然目前来看已经非常优秀，但它的应用场景太过确定，不够灵活。如果它不能解决机器认知这个根本性的问题，就不能应对复杂的世界，也就只能算狭义的人工智能。

我们离被 AI 代替还有多远

美国天普大学计算机与信息科学系教授王培说："盖一栋房子应该从画图纸开始，然后据此一层层、一间间地建，而不是各人根据自己的想法分别去建客厅、书房、卧室、厨房、阁楼、卫生间等，最后再设法把它们拼在一起。"他这段话所否定的，就是狭义的人工智能。

目前，有很多科学家钻研狭义的人工智能，钻研图像识别、机器翻译、无人驾驶等，但也有很多科学家愿意花时间琢磨总图纸——通用人工智能。

通用人工智能指的是拥有像人一样的能力，可以通过学习来胜任人类的任何工作，但不要求它有自我意识的智能，它通常被认为是人工智能技术的未来发展方向。

此外，还有一个概念叫"强人工智能"，也就是上一节塞尔提出"中文房间"实验时设定的人工智能级别。这个等级的人工智能不仅要具备人类的某些能力，还要有自我意识，可以独立思考并解决问题。

"通用人工智能"和"强人工智能"的差别在于人工智能是否具有人的意识。然而，一旦牵扯出"意识"这个词，讨论就会变得日趋复杂、无的放矢。因此，在概念上，很多人将二者等同起来，一般统称为"通用人工智能"，从而避免回答“如果真的出现了有意识的人工智能，我们是否需要当他们是一个真正的人类”此种问题。

“智能独立于物质层面而存在，它似乎拥有自己的生命，在遵守物理定律的前提下，组合出能够记忆、计算和学习的形态。只要遵守物理定律，它就能对自己重新排列组合，执行计算的能力也会变得越来越好。”如果你相信美国麻省理工学院物理系终身教授麦克斯·泰格马克的说法，那么，未来自己能设计硬件和软件的通用人工智能会诞生，也就不足为奇。

虽然目前在通往通用人工智能的道路上，我们仍然障碍重重，但我们有理由相信，一旦科学家们取得了非常规的突破，通用人工智能很可能在未来某一天突然出现。

很多先进科技正在以不可思议的速度飞速发展。比如脑机接口技术，目前已经可以用来治疗癫痫病人：将芯片植入大脑，每当癫痫快要发作的时候，大脑就会放电异常，此时，芯片释放抑制电流就能有效抑制癫痫电流的产生。随着脑机接口的发展，说不定就能取代以数理逻辑为基础的人工智能，到那个时候，我们就可以凭借意念来操控机器，同时生成一个跟人脑基本一致的电子大脑。

然而，以大数据为基础的人工智能到今天已经发展了 70 余年，离通用人工智能还有很远的距离，而脑机接口技术已经产生 40 年了，虽有突破，迄今也没有取得跨越式发展。科技虽然令人激动，但我们有理由相信，距离真正实现通用人工智能至少还得几十年甚至上百年。

我们不必为尚未发生的事情而忧虑，更不应该在现在这个时期就坚信所谓“泛人工智能论”和“唯人工智能论”。面对人工智能，我们应该了解它、掌握它、面对它、拥抱它，争取使其为我们每一个人所用。

未来职业的三个问题

行文至此，第四章开头提出的三个关于职业发展的问题，相信你心里已经有了答案，我们在这里给出解答。

1. 随着人工智能的发展，我所在的行业会不会从根本上被人工智能取代？未来我的行业还有没有存在的价值和意义？

有一个行业短期内肯定不会被取代，那就是创新型、创意型行业，而且这类行业有越来越吃香的趋势。人们看了一本书、一部电影，可以在豆瓣乌拉拉写出一堆评论，对其中的转折和情节发展提出完全不同于原作的意见，还可以引申、遐想、猜测作者的意图。但对于人工智能来说，让它写评论不过是机械地在指定的文本数据库中找到最相关的词句然后把它们进行组合而已，它没有意识，也就完全没有创新和理解暗示的能力。当然，那些试图去模仿（而不是借鉴）他人的创新、创意型工作者——如果也可以被称为创新、创意型工作者的话，机器要替代他们是非常有可能的。

另外一些高度依赖人类的直觉的体力工作至少在十年内也不会被取代，虽然这些工作看上去很简单，比如警察、消防员、厨师、园丁、育婴师。这是因为人类并不知道人脑的运作机理是什么，创造不出以此为基础的智能设备，当然，我们后面会提到，这些工作中那些重复的、确定性的环节是可以被替代的。以园丁工作为例，给每棵树浇水的工作完全可以实现自动化，但修剪枝叶则很难被取代。

总而言之，短期内以深度学习为基础的人工智能，最大的优势只是计算能力的提升，以及基于有限数据对事物相关性的判断，它尚不具备全面取代大部分行业的综合能力。当然，虽然许多行业不会被完全消灭，但行业中分解下来的具体任务很可能会被人工智能所取代。

人类的价值和意义在于，我们可以努力爬升到行业内从事与人类优势相关的工作，通过和人工智能的优势相配合，共同促进行业的发展。

2. 哪怕行业没有被取代，我所处的岗位，会不会被人工智能取代？未来我的岗位还有没有让人类来操作的必要？

深度学习模型学到的数据模式，看起来比我们认为的要弱得多。一旦环境发生任何变化，无论是深度学习还是强化学习，它们都需要重新适应。的确，有些行业的部分岗位可能会被人工智能取代，但这些岗位往往处于一个照章办事、毫无灵活性可言的场景，比如：医疗行业不会被取代，但放射科医生可能被取代；金融行业不会被取代，但分析数据的定量分析师可能会被取代。如果你的岗位具有这样的性质，你可要小心了。

深度学习和大数据无法区分因果性与相关性，也只能处理一些单线程的任务，因此，一些十分复杂的管理工作，人工智能也很难替代。这给我们的启示是，在一个行业内持续保持思考，尽可能爬到较高的管理岗位，工作内容越复杂越会让人工智能望而却步。因此，你必须拥有能持续跟进先进技术的学习能力，因为人工智能的方向就是尽可能地把低端的重复劳动交给机器，实际上人工智能技术使大部分人的劳动议价能力变得更弱了。

3. 哪怕岗位没有被取代，如果我不学习编程语言等智能时代的具体技术，是不是会像之前因为没有学习电脑技术导致落后于时代的人一样，20 年后也会被时代所淘汰？

没必要只为了恐惧人工智能、应对未来而学习编程语言，除非你确实精力旺盛。技术的迭代越来越快，今天我们学习的编程语言，明天很可能被另外一种语言代替。我们最应该学习的是思维方式，而不是某项技能。在人工智能发展的大背景下，对我们来说最关键的，是要具备人工智能思维，知道人工智能到底是怎么回事，可以怎样为我所用。

人类智慧及人工智能能力表

	擅长领域	具体职业	劣势	优势
人类	创新/创造	科学家	计算能力较差、统计分析能力较弱、不易存储、易受直觉偏差影响	依赖直觉，可以在不可预料的环境下工作，灵活性高，不依赖（完备）数据、多线程、多任务
	创意/灵感	艺术家（画家、作家、音乐家）		
	社交/情感/价值观	护工、心理咨询师、法官、销售		
	分析/决策	基金管理者、CEO		
	感知/精细动作	园丁、保姆、警察		
人工智能	程式化	标准化医疗手术，体力搬运工、快餐店厨师、收银员	只能完成具有以下5个特征的工作：确定性信息、完全信息、静态的、单任务和有限领域	计算能力强、储存量大、对事物相关性的判断准确、客观，不受直觉影响
	记忆/存储	法务助理		
	定量计算	金融分析师、翻译		
	简单逻辑	简单语音客服、办事大厅柜员		

部·三

认知自我
——发挥人类天赋的思维能力

章·六

预测行动的生物基础

物有自然，事有合离。有近而不可见，有远而可知。近而不可见者，不察其辞也；远而可知者，反往以验来也。

——《鬼谷子·抵巇第四》

预测是人类认识世界的重要手段。大到什么时候发明新的航空母舰、美苏之间何时再次发生冲突、人工智能是不是会取代人类，小到还有多久肚子会饿、今天会不会下雨、房价会不会下跌、大米会不会涨价……人类都要做出预测。

预测也是动物的日常行为。凶悍如狮子，每天也得根据周边环境，一次又一次对何时觅食、如何觅食、怎样才能更好地保护幼崽做出预测。渺小如蚂蚁，也需预测觅食运粮、管理蚁穴、哺育幼蚁、清除蚁道、扩建蚁室的基本活动。

原本，“预测—行动”只是生物独一无二的特质，但人工智能出现后，人类越来越多的预测工作被代替。现代人工智能的热门应用领域——机器翻译、人机对弈、信用欺诈都在以最大程度的努力解决预测问题。

但这并不是说，当人工智能开始预测，人类就可以完全依赖人工智能，不需要预测能力了。实际上，两者预测的方式是不同的，在许许多多的情境下，人类在预测方面都有人工智能无可比拟的优势。比如，人类更善于谋篇布局——今天种下一粒种子，未来某一天可能会突然发芽。这就是我们生而为人必须要强化的优势。

预测无处不在

殷商时期，有一种专司占卜之事的人叫卜人。

他们把龟甲和兽骨钻出若干浅坑和凹槽后，放在火上灼烧。浅坑和凹槽受热后产生的裂纹，被称为兆纹。

卜人认为兆文的走向、分支、长短，可以预测所卜之事的吉凶。卜人在以往的预测中，积攒了大量兆文与吉凶悔吝的对应关系作为自己的占卜经验。

每逢有新的预测，他们都会根据经验得出不同的占卜结果。之后，将所卜事项和所卜结果记录在兆文旁边，这就形成了甲骨文。

比如，商王武丁有个王妃叫妇好，经常奉命统率军队出征。每次出征前，妇好都要用兆文做个占卜，问问战争的输赢。武丁还会在妇好每次生育前占卜，生的是男孩女孩？是否能顺利生产？卜人这时就会依据自己积累的经验，告诉武丁和妇好某件事可能会有怎样的结果。而我们现代人就是从这些甲骨占卜文里得知，当年妇好和武丁之间发生过什么故事。

不仅中国的甲骨文，国外的水晶球、塔罗牌、星座（如下图所示），无一不是预测之物。我们不去探究这些方法的科学性，但不可否认的是，从古至今，人

我们常把塔罗牌和预测某人将来的财运或爱情联系起来，很多时候预测的信息也属于当下。

类从未停止预测。科学家杰夫·霍金斯在所著的《人工智能的未来》一书中率先提出：“预测是人类智慧的基础。”

预测不仅仅关乎未来，也可以关乎当下：肿瘤是不是良性，电视剧会不会好看，哪个牌子的牙膏更好用……这些都是预测。尽管预测的“预”字暗含提前的意思，但在大多数情况下，它强调的是通过已知信息看到本来看不见的信息，不管这信息是属于过去、现在，还是未来。

现在，通过已知信息看到未知信息的部分工作已经由人工智能所代替。

谷歌提供的翻译服务就是其中的代表。比如，我们要做一段英中翻译，人工智能要预测的是，与这段英文匹配的中文是什么？

而完成这个任务的已知信息是：大量用词准确、顺序正确的中文数据库。有待验证的缺失信息是：这个句子中中文词句的集合及其所属的顺序。把缺失信息补足，则预测完成。

这和卜人占卜的过程似乎异曲同工。在预测时，卜人已知的是过往的占卜信息，他需要通过将新的兆文与过往的兆文数据库或者说自己的经验比对，分析出隐藏的关联，补足缺失的信息。

由此可见，生物和人工智能的预测都可以定义为这样一个过程：

依据已知信息，对缺失信息进行补充。

换句话说，预测指的就是在信息不完备的情况下努力做出正确的估计。

即：已知信息 + 补全缺失信息（处理系统）= 预测

虽然模式和方式大致相同，但人类的思维和人工智能的思维在预测结果上还是会有很大的差别。比如正在分娩的孕妇在使用电子胎心监护仪时发现，胎儿心率已经超过某一数值。如果把预测交给人工智能，它很可能根据数据判断胎儿缺氧，急需剖宫产手术。但是有经验的产科医生也许会依据孕妇的身体状况预测，胎儿没有太大问题，可以继续实施自然分娩。

为何会出现这种情况？一切要先从给生物体输入的信息说起。

▶ 我们“看”世界的方式

预测的第一步，是人工智能和生物主动或被动输入已知信息。但每一种智慧体的机能不同，获取信息的方式和范围不能超越其本来的机体构造。

拿人类来说，我们总以为自己对眼前斑斓的色彩再熟悉不过，但其实只能接收从物体反射的光波和电磁辐射，在浩如烟海的各种波中，这仅仅占到十万分之一。

此时此刻，X 射线、伽马射线正来回穿过你的身体，无线电波、手机辐射正围绕着你的身体，然而你毫无察觉。

蛇可以看到红外线，蜜蜂可以看到紫外线，汽车里有接收无线电信号的广播装置，医院里也有用于检测的 X 射线设备。

但是只凭人类自身的感官是绝对感知不到它们的，因为人类身体天生就没有进化出感知这些波段的“感受器”。

老鹰、蝙蝠等动物能接纳的信息也不相同。老鹰能看到的最远距离是人类平均水平的 4 ~ 5 倍。它不仅能轻而易举地在 10 楼楼顶看到正在地面上爬行的蚂蚁，甚至可以在一个球场最远端的观众席位上，仅凭肉眼分辨出场上球员的表情。

蝙蝠接收信息时甚至不需要眼睛。它们在飞行时发出几万赫兹的超声波，碰到昆虫或障碍物时，声波返回，蝙蝠就靠聆听、分析返回的超声波的混响声音实时掌握周围信息。

设想，如果人类以这样的方式获取大自然的信息，不仅能听到方圆十公里人们跳广场舞的声音，还能把周边的蟑螂和蚂蚁看成像篮球一样大，会不会信息过载，无法承受？更重要的是，我们获取了如此大量的信息，会对我们的思维产生何种影响？

而人工智能，作为一种区别于生物的智慧体，对现实的感知能力不会被生物特性所束缚，但它是由电子元件构成的机体，获取的只能是电子元件可以感知的信息。

需要明确的是，这些基于物种机能获取的感知信息，不会直接参与预测过程，这些信息还需要基于个体的偏好被修正后变成储存信息，才能参与预测过程。具体如下图所示：

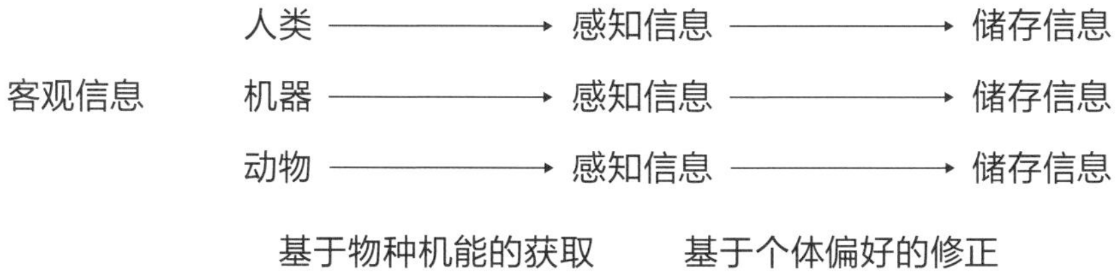

什么叫基于个体偏好被修正后的信息呢？

举个简单的例子，给人工智能输入《唐诗三百首》，就是真真正正、一字一句的《唐诗三百首》。从感知信息到储存信息，人工智能的处理没有发生变化。

但人类读《唐诗三百首》，往往会根据自己的喜好和经历的变化产生不同的阅读体会。

假使你让我分析唐朝诗歌的特点，我把《唐诗三百首》背了一遍，发现最喜欢李白，自然对李白的诗记得最清楚，那么做分析时我肯定把李白放在重要位置上，忽略其他人。

最后难免分析出唐朝所有诗歌的特点是：充满了瑰丽的想象和浪漫主义情怀。但这显然是误判。

这就是感知信息在输入不同个体时产生的信息异变。人类在储存信息时，总是夹杂了由经历、情感、态度、价值观产生的偏好。这种偏好动物也有，只是不如人类复杂。

再来看几个例子：

同一个美女经过你身边，她全身上下挂满了名牌，洋溢着青春的气息。如果你是男士，可能只注意到了女士的脸和腿；如果你是女士，可能只看到了女士的爱马仕包。

有调查显示，84% 的法国男人声称自己是高出平均水准的好情人。很显然，法国女人绝不会这样以为。

几乎没有哪个大项目会比原计划更快竣工，且只花费少于预算的钱，但人们总是高估自己，无论是空客 A400M 运输机、西班牙圣家堂、悉尼歌剧院，还是三条戈特哈德隧道，它们延期的时长简直令人无法置信。

一个人食用了微商推荐的减肥食品，于是坚持每天早晨晨起后称重。如果发现自己比昨天轻，他一天都很开心，觉得自己减肥成功了；如果体重增加，他会听从微商的说法，视之为正常波动。连续数月生活在这样的幻觉下，他最终得出结论：即使体重没有变化，这种减肥产品依然是管用的。

一个人为了节省几块钱菜钱，每天都会与小商贩喋喋不休地讨价还价至少 5 分钟，但是在购买几百万的房屋时，他几乎没怎么讨价还价就在中介那儿签好了协议。

这就是重视与忽略、喜爱与讨厌、表象与隐藏下的个体偏好，经过偏好修正的信息，给人类的预测带来了预想不到的影响，完全超越了理性的分析。

不过，人工智能完全不会受到人类偏好的影响。这最终造成了人类和人工智能在预测上的差异。

为了让大家更好地理解上述内容，我们对本章总结如下：

1. 输入信息时，人类、机器以及所有的生物，都是基于各自独特的结构和生理而感知信息，每个智慧体都无法超越自身可感知范围的局限，这也造成了每类智慧体的信息输入千差万别。

2. 储存信息和输出信息时，人类夹杂了由经历、情感、态度、价值观等产生的偏好（就像对《唐诗三百首》的理解），而机器在储存信息和输出信息时，是客观无偏好的。人脑太过复杂，我们不好确定这种偏好是在储存、提取的哪个或哪些环节产生的，姑且不去细分，把它统一看作一个整体。

接下来，我们将重点讨论人和机器在存储信息、处理信息上的显著区别。

AI无偏好

为了进一步说明不同的输入信息对人类和人工智能的预测结果所造成的影响，我们将智慧体存储的信息大致梳理为四个方面。

这四个方面包括：知道自己知道，知道自己不知道，不知道自己不知道，不知道自己知道。

将这四类信息做一个梳理，我们可以明晰人类和机器在储存信息（数据）方面到底有哪些区别。

第一类，知道自己知道。比如，我知道自行车的机械原理，我知道自己会背一千首诗歌。据此，我很有可能预测出家里的自行车出了什么故障，新读到的诗歌算不算是一首好诗。同样，人工智能也知道，它存储了大量数据以及精确的数据信息，基于这些数据，它能够在医疗诊断、人机翻译、欺诈诊断等领域进行预测。在知道自己知道的信息方面，与人类相比，人工智能占有的数据更多，所以更具优势。

比如IBM的辩论机器Debater，其辩论材料来自财经、社会人文、法律、管理等各个领域的资料，尤其对2011年以来全球大部分人类语言表述和逻辑表达的内容信手拈来。AlphaGo更是熟记了几万盘人类高手对局棋谱，以此为基础战胜人类。但人类在大多数情况下总是依靠记忆从脑海中提取信息，最多用谷歌搜索一下，或者翻阅一下工具书，这样得到的信息通常是不够全面的。

此外，人类总是基于情感、态度、价值观方面的偏好对“知道自己知道”的信息做出修正，从而影响信息在人脑中的权重——这就可能为预测的准确性设置障碍。

想想小时候，是不是信誓旦旦地跟妈妈说考试的题全会？或者总有自信把家里的钟表拆完后再装回去。但结果怎样？这就是人类有对其自身知识的准确性过度自信的偏好带来的麻烦。

再看看咱们投资时的表现吧。虽然你早已对那条被验证了无数次的原则——“人弃我取、逆向投资”熟稔于心，但是每当遇到新的情况，比如大家一起疯狂买进或抛售股票时，你又会被人性中的贪婪或恐惧完全支配，在“这次和上次不同”的理念中继续随波逐流。这就是人类害怕被孤立的压力偏好带来的麻烦。

当然，偏好也能带来益处。假想这样一种场景：某月某日，你和一个全知全能的人工智能见面。事后有人让你回忆下你和它之间的相处细节，你可能会总结一下那天聊了些什么，回忆下对对方的大概印象。但是人工智能可能至少要说上三天三夜。他会回忆起那天的灯光，你衣服上的 30 个褶皱，你说话时总是皱起鼻子——因为信息量太大、不会遗忘，又不会受到偏好的影响，反而抓不住重点，无法对事物的重要性做出排序。

第二类，不知道自己知道。这里特指人类在处理部分信息时会被自己都不曾察觉的偏好所影响，此类信息机器无法获知。

这里就包含我们心理学上所说的受到潜意识的影响。男孩口里天天说女孩不好，但是他没觉察到自己其实深爱这个女孩。一个怀有夺妻之恨的男人，发誓要杀死妻子的情人，却在买完了菜刀、酝酿了两个月、找到最合适的下手时机时仓皇而逃。官员们以为自己清廉正义，一旦经历了一次高度奢靡的体验或者极度残酷的严刑拷打，马上就举手投降、溃不成军。

文化给人带来的潜移默化的影响，也属于不知道自己知道的范畴。20 世纪五六十年代出生的母亲们，往往有一种极限空间收纳癖。她们把物件叠放进更小的盒子，然后每天抱怨儿女们屋子堆得太乱，但她们并没有意识到，这是物资匮乏、空间狭小时代遗留下来的习惯，这些习惯渗透于她们的每一个决策中。

另一个典型的例子是中国现在的家庭如果想要二胎，询问老大的意见成了一种惯常做法。但这种做法在世界范围内则显得十分异常。这大抵上跟独生子女政策有关。独生子女政策还造成一代人私人空间的敏感、集体主义的淡漠、规矩意识的下降，对情感的需求大于对物质的需求，影响了这代人的几乎每一个预判。而机器没有偏好，不会隐藏数据，也就没有所谓“不知道自己知道”的信息。

第三类，知道自己不知道。这是人和机器都必须面临的挑战。我们可以准确预测明天的天气，却无法预测明年今日的天气。我们不知道在一整年内，气流、温度、海洋发生何种变化，我们甚至不知道如果想要预测明年的天气，到底需要哪些信息。以上这些都是“知道自己不知道”的。

四年一度的美国总统大选，尽管各个调查公司使出浑身解数，不仅不可能提前预测选举结果，即使在选举当天预测结果也很困难。所谓人类的发展、人工智能的发展，就是人类和机器都在努力补全这部分“知道自己不知道”的过程。

人和机器在这个领域的细微差别在于，人类会预先知道自己知道哪些信息不知道，他们思索哪些信息有所缺失、为何缺失，对缺失的信息进行意义性探索；机器则不能预先知觉，它将依据已有数据在运算中直接得出结论，最终以概率的形式来显示信息缺失的程度。

第四类，不知道自己不知道。这是人和机器都不可预测的事件，它在意料之外，却又往往起到决定性作用。美国学者纳西姆·尼古拉斯·塔勒布曾在自己的著作《黑天鹅》中强调过这种“不知道自己不知道”。

《黑天鹅》是一本具有革命性意义的书。这本书介绍，在发现澳大利亚的黑天鹅之前，欧洲人认为天鹅都是白色的，但这个不可动摇的信念直到人们在澳大利亚发现第一只黑天鹅后崩溃。后来欧洲人就用“黑天鹅”来指不可能存在的事物。在这本书中，塔勒布非常精彩地论述了意外事件以及不可预期事件的强大的影响力，它们很有可能改变你看待这个世界的方式——你以为你非常清楚以及确定的事情，实际上我们对其一无所知。

一般来说“黑天鹅”事件满足以下三个特点：具有意外性；产生重大影响；人的本性促使我们在事后为它的发生编造理由，并且或多或少认为它是可解释和可预测的。

19 世纪中期，在细菌被发现之前，人们不知道很多疾病的患病原因是细菌感染，遇到莫名其妙的疾病甚至手术后的死亡，医生的治疗方法也不外乎多通风、多喝热水、多休息。他们不会让病人饭前、便后洗手，也不会在手术前消毒。

我们可以猜测，如果细菌尚未被发现的时候就有人工智能和大数据工具，但这个工具不知道细菌这个变量的存在，那么即使掌握所有的实验数据——冬天得病率比夏天高，农村人口的得病率比城市高，A 医院比 B 医院手术成功率高……那么这些统计和分析的结果也只能是错误的或者是伪相关。

这就是“不知道自己不知道”。今天，无论电子、质子这些微观层面还是宇宙星系这些宏观层面，我们依然有着太多的未知。这些未知和几百年前我们对“细菌”的未知一样“不知道自己不知道”，它影响着我们的预测。所以，认为只要大数据足够翔实，人工智能就能做出最准确的预测的观点，有个必要的前提——我们人类真的无所不知。但是，我们真的全知全能吗？甚至，哪一代人敢说自己全知全能？基于此，无论科技怎么发展，人工智能的计算都可能出现偏差，甚至是极大的偏差。

就像 20 世纪 90 年代，我们在畅想科技、勾画未来时，预见到科技将朝着智能化、科技化、网络化发展，但我们永远不能具象地猜测出 911 事件、美国次级贷款引发的金融危机、屠呦呦成为第一位获得诺贝尔科学奖项的中国本土科学家、巴黎恐怖袭击、新型冠状病毒肆虐全球……无论任何人工智能，这些都属于“不知道自己不知道”的范畴。简而言之，总有一些黑天鹅事件，人和机器都无法预测，而又肯定会对未来的预测产生极其重要的影响。

以上的四类输入信息，人和机器各有所长。人类必须对此有所了解，从而知道哪些信息容易引发偏见，哪些信息为我所控，哪些信息可以积极探索。做事情的第一步永远是搜集信息，才能增加自己的自由度和选择权，获取对某个问题的最佳解决方案。

四种输入信息比较

输入的信息类型	人的特征	机器的特征	优势劣势
知道自己知道	依赖记忆；加入自身偏好信息	依赖存储数据；无偏好信息	机器更公正、储存信息量更大，预测更准确；因为人脑的记忆力有限，反而储存的信息会更有选择和重点
不知道自己知道	受自身偏好影响，容易产生认知上的偏差	依赖存储数据；无偏好信息，认知更加准确	机器的预测和评价更加准确；人的认知和评判容易出现偏差
知道自己不知道	人类可以积极探索这部分内容	机器无法主动探索这部分内容	人类会预先知道自己知道哪些信息不知道，可以提前对缺失的信息进行意义性探索；机器则不能预先知觉，只能以概率的形式来显示信息缺失的程度
不知道自己不知道	基于已有经验做出错误预测	基于已有数据做出错误预测	人和机器都无法得知

相同信息，不同判断

盛夏的傍晚，阳光褪去了刺眼的光芒，一群男孩在草地上踢足球。忽然，足球从四五十米外腾空而起，在空中划出一个漂亮的弧线，跑得最快的男孩迎球而上，转瞬之间卸力、停球、盘带，一气呵成，之后一记大力射门，球应声入门。

我们已经司空见惯——足球、排球、网球、棒球等运动员们似乎不假思索就可以判断出球的运动轨迹，并能在极短时间内协调身体控制住球。哪怕像乒乓球这种带有变向和旋转运动的球类，经过一定训练后，运动员们也能驾驭自如。

但对于人工智能而言，每一次这样的预测，都需要做大量运算——将球体重量、体积、初始力量、初始方向、风速、球体材质考虑到位，最后还只是得出一个球往哪里走的概率。

人的优势还不仅于此。语言学家和认知科学家史蒂芬·平克在《语言本能》这本书里写道：四岁小孩具有的本能——辨识人脸、举起铅笔、在房间内走动、回答问题等，事实上是工程领域内目前为止最难解的问题。

我们再拿猫来举例。一个四岁的小孩从来没见过猫，你只需要给她一只猫，告诉她这是“猫咪”。下一次，当她见到不管什么颜色的猫，不管它摆出什么姿势，她都知道这是“猫咪”。而深度学习中机器可能需要花费很长时间，分析上百万张各种颜色、各种姿势、各种角度猫的照片，才能判断一个东西是不是猫，但仍不能解释清楚猫这个物种。

我们已经在前文提过，人类并不是在所有场景下都比人工智能强，人工智能在确定性信息、完全信息、静态的、单任务和有限领域的场景下的表现会优于人类。那么，人工智能在哪些方面又明显弱于人类或者普通生物呢？1980 年，人工智能学者汉斯·莫拉维克、罗德尼·布鲁克斯、马文·明斯基从另外一个角度阐释了这一点，他们提出：“要让电脑如成人般地下棋是相对容易的，但是要让电脑具有如一岁小孩的感知和行动能力却是相当困难甚至是不可能的。”这个观点被称为莫拉维克悖论，它说明在人工智能领域，困难的问题是简单的，简单的问题是困难的。

总而言之，给人类和人工智能输入相同的信息，会得出完全不同的预测，归根结底在于人脑和人工智能补全缺失信息的处理系统完全不同。

还记得我们之前讨论的拟合吗？本质上，人工智能练习补全信息时采取的就是曲线拟合技术。比如，要识别一只猫，机器不会问“猫有什么特点”，而是要问：“这只猫跟我之前看到的所有猫在多大概率上相似？”只有相似到一定程度，机器才会认为它是一只猫。也就是说，第一眼看到米老鼠、唐老鸭时，机器绝对不会把它们和真实的老鼠、鸭子联系起来——而三四岁的孩子甚至不用思考就可以毫无困难地把它们联系起来。

回到前面那个看猫的例子，四岁的小孩可以直接认出猫来，而深度学习必须将猫这个实体转化为数据，越多的数据等于越好的模型表现。换句话说，各种各样的猫输入得越多，深度学习识别出猫的正确率就越高。

所以，虽然某种程度上，人类和深度学习补全信息的方式都是一种拟合，但人类的拟合和深度学习的拟合有着云泥之别。人类自古以来，就是在非完整信息世界下处理信息。当人类没法一次看到事物的全部属性、全部联系时，可以从一定的角度、一定的层面补全这些信息，再总结规律、迁移经验。甚至，某些总结规律、迁移经验的能力，能够让人和其他动物依靠遗传基因来代代传递。比如，婴儿一生下来就知道吮吸，蜘蛛生来就会织网，蜜蜂生来就知道采蜜……这些，都是人类和其他生物在无数代际的实践中总结的经验，这些经验甚至内化到了遗传基因中，无须习得。

而机器则不然。机器不会总结规律、迁移经验，至少目前的科技发展水平无法做到。机器更不会天生地具备某些本能，它必须依靠大量数据和数理逻辑来作为处理信息的基础。

本能、直觉、灵性，这些都是人类思维方式的一部分，但除非研究需要，我们没有必要将这些因素从人类思维过程中抽离出来。我们需要知道的是，本能、直觉、灵性和人类其他预测、推理行为杂糅在一起，构成了人类补全信息的预测过程，它在处理开放、动态、复杂问题时所表现出的想象力和创造力，还有对复杂问题的分析和描述，与人工智能的思维方式有着显著的区别，是传统人工智能方法所不能企及的。

那你可能会问，既然人工智能是人类的作品，为什么我们不能给人工智能复制出一模一样的思维方式？

一方面，大脑神经细胞数量大概是 10 的 11 次方，相当于我们整个银河系星体的总数。此外，它还有超过 10 的 14 次方个突触、100 万条神经纤维。这个数额太庞大了！它们一起构成一个高效运转的神经系统，达到很高的信息传输量，机器很难模拟。

另一方面，真正对人脑所进行的研究，到现在为止都很有限。

人类没法了解自己产生意志的机理本质，所以人类通过神经网络创造的深度学习方法，也仅仅是从能理解的外部结构上复制，没有因量变而产生质变的基础。

结构不允许，即使学习的数据量再多，也无法产生质变生成意志。钱钟书在《围城》中有一句话很形象，可以用来形容人工智能的学习："好比冬季每天的气候罢，你没法把今天的温度加在昨天的上面，好等明天积成个和暖的春日。"

试想，我们把一架飞机通过时间机器送到石器时代，原始人看到这架飞机，知道它可以在天上飞，不会掉下来，还可以运人、运东西。原始人想仿制一台相同的飞机，但是他们不能拆开它，他们不知道里面有引擎这种东西，更不知道它的构造，不知道它如何工作。当这架飞机的内部构造对原始人而言是一个未知世界时，你认为，这些原始人到底要花费多久的时间才能造出他们自己的飞机呢？

我们有必要区分每一种智慧体补全信息的方式，并了解各种智慧体的优势、劣势及其产生的原因，进而知道未来二十年内，人类到底需要强化哪方面的能力，或者怎样将人工智能和人脑的运作机制结合，从而提高预测和决断的精确性，避免自己被机器所代替，而这些将是下一章我们要解答的问题。

章·七

意义认知思维

那永存而不是发生了的是什么，那永远变化着、消逝着而决不真正存在着的又是什么？

——柏拉图

2015 年，我曾经到宁夏的贺兰山岩画风景区游玩。这是一处凋敝的景点，相比宁夏的其他景点游客都要稀少。没什么令人惊艳的景色，只有春秋战国到西夏时期，匈奴、鲜卑、突厥、回鹘、吐蕃、党项等古代北方少数民族在山石上凿刻的反映当时人们驻牧游猎、繁衍生息的场景的岩画，线条简单、笔法粗犷。景点入口处摆放着著名作家冯骥才所题的“岁月失语，惟石能言”的石刻。

当时的凿刻技术并不发达，即使刻出最简单的图画，也要好几个人一起花费几天几夜完成。在那样一个食不果腹的年代，有这些时间，出去多打个兔子吃不好吗？哪怕没有兔子，像电脑休眠一样，躺在床上啥都不做干喘气降低消耗，都是更加理性的选择。

远古先民们为什么在极端恶劣的生存环境下，依然要努力地以文化符号表现出他们对生活的勇气和情感，在这个世界上留下些什么呢？

一言以蔽之：想要努力追寻存在的意义。

你可能会疑惑，为什么本书会扯到追寻意义上来？这和这本书讲的人工智能、职业发展、核心能力、思维方式等，又有什么关系呢？

当然有关系，而且笔者认为，“对意义的探寻”不仅是人类和其他物种最根本的区别，也是一种深层的认知思维方式，它还有可能是人类最核心、最强大的能力之一。

人工智能对比人脑说到底强在计算，而“追寻意义”是一种绕开计算的强大的预知能力，这是唯一能规避计算能力不足的技能，和 AI 完全不是一个维度的竞争。换句话说，人工智能是通过运算，从局部最优解里面逼近全局最优解；而“探寻意义”这种预测，是猜、是赌，一旦直接赌中了那个全局最优解，不需要任何中间环节，一击即中。

智能还是智慧

奥地利心理学家维克多·弗兰克尔是《寻找生命的意义》一书的作者，他曾经于 1942 年被纳粹关进奥斯威辛集中营，后来辗转囚禁在其他集中营。3 年里，和他一起被关押的囚犯不堪忍受肉体和精神的折磨纷纷死去，包括他的妻子、父母和哥哥，但他在炼狱般的折磨中生存了下来。后来，他总结了这段经历，开创了心理学派的意义疗法。

他认为支撑自己活下来的原因在于生命的意义。在忍受折磨时，他心里最常想到的是自己的妻子。“不论真实与否，我都坚信她的外貌比冉冉升起的太阳还要明亮。”

内心深处的寄托和期望，是支撑一个人忍受巨大痛苦的心理支柱，也是保护一个人免遭巨大灾难的最后一道屏障。就像尼采所说的：“知道为什么而活的人，才能生存。”

无论古代还是现代，新晋的母亲无时无刻不在给婴儿换尿布、哄睡、喂奶，抚育后代的意义打败了日常生活的琐碎。战士们背井离乡，人不寐、将军白发征夫泪，保家卫国的意义淡化了血肉横飞的痛苦。学生不远万里下乡支教，帮助他人的意义克服了水土不服的困难……

我们还可以假想这样一种情况，把一个人锁在空房间里，只让他维持活着的状态，什么也不能做，你觉得他会撑多久？然而同样的状况，如果告诉他只要这样做就能拯救自己的亲人，你觉得他能坚持下去吗？

在这里，我们不会去探讨这种意义是否虚无、是否真的存在，但寻找生命的意义确实是人生命中的原始力量。我们从意义的角度来思索人类的所有思维方式，就会发现人类的思维方式是一种解释世界、寻求事物合理性的思维方式。哪怕这种解释是错的，也必须存在。

回到我们对于人类和机器思维差异的讨论。诚然，人类和人工智能的差异很多。比如在功能上，机器可以通过联网瞬间达到蜂群那样的群体思维，人类不能。机理上，人类和某些高级动物，如海豚、大猩猩，能产生情感和情绪，机器则不能。但如果把意义考虑进来，就会发现，人类和人工智能二者的根本不同，在于当他们应对这个世界的基本方式是“预测—行动”时，机器和大多数生物体不会寻找意义，只是单纯通过概率来发展智能，但人类则是在不停地追寻意义，而且以此培育出智慧。

智能和智慧，是有区别的。

智能，可以借助数据、信息、运算来处理很多事情，甚至处理很多人类不能做到的事情。智慧则包含两个因素：有效适应环境和深度诠释经验。

这导致预测时人类和其他智能有着完全不同的拟合方式。机器和生物体共有的认知模式是相关性认知，注重的是与成功相连的表象性联系，只要成功，不问因果。而人类更加注重意义性认知，理清事物之间的因果关系——正因为有对万物意义的追寻能力，人类才能追踪着存在的奥秘而层层深入下去，最终看到事物的本质。

无论 Alpha Zero 还是 AlphaGo，无论它们算法如何，它们决定下的每一步棋，都是基于最能赢棋的概率（与成功相连的行动），而不是基于对围棋哲学意义的理解，对自身风格、对手心理等的深度诠释和因果分析。

再比如，如果有一天，机器基于人类的职业、背景、性格、面容等大数据综合预测出你和某个人有 100% 的匹配度，最适合结婚（适合的指标包括：有更多的家庭财产数量、后代更加健康和富有竞争力等），你真的会选择这个人作为你的终身伴侣吗？

机器只能做到这一步——把结婚作为与成功相连的行动，但人类考虑的就多了：我爱不爱他，我会不会幸福，我是否尊重和崇拜他……如果把这些因素都考虑进去，机器的预测结果就可以扔到一边了。

AI 思维：复制与成功相关的表象性联系

尽管我们说，与成功相关的表象性联系是人类和机器共有的认知模式，但并不等于这种模式是低效的。无论机器、动物、人类，只要能把复制的成功总结成规律，反而简单易行、实用高效！只需三步就可完成：

1. 从所有可选行动中，选一个去实践。
2. 记下结果，看看是否达到预期，以此来评判它的成败。
3. 复制与成功相连的行动，回避与失败相连的行动，不问因果本质。

养过宠物的人知道，如果不想让狗上床，不让它吃别人喂的东西，打它几次它就记住了。狗真的明白不让它上床是怕毛弄脏床吗？知道不让它瞎吃东西是怕生病吗？它不知道，它只是复制和成功相连的行动（照着做不挨打）。

每个农民都知道翻地能让种子有更多氧气，更能产生化学反应发育成长，含磷的动物粪便可以促进作物生长这些知识吗？他们不知道，但他们把作物多晒太阳长得好、雨水多容易烂、打农药不长虫等经验，与行动联系起来，形成了“规律化行动”。

这些成功的联系，让人和动物，大大提升了生存能力和做事效率。而人工智能的出现，把这种复制的成功做到了极致。

刚刚我们提到的三步法的第一项，从所有可选行动中，选一个去实践。任何动物都是这么做的。

但机器的可怕之处在于，它不是“选一个”行动，它是并行运算多个行动！可以预见，随着技术的发展，它能够瞬间“将所有可能的行动，同时付诸实践”！也就是说，人类经过几千年探索取得的农耕经验和行动规律，机器可以在几秒内完全获取和复制。这便是机器的优势。

那么回过头来思考，如果想不被人工智能替代，人类是不是要去学习机器的优势，比如更快的运算速度、更新的算法或者扩大自己的脑容量，让自己能够记忆更多的数据？

显然不是。

终身不失业，就要加强之所以为人的不可取代的能力，换句话说，就是加强我们人类在追寻意义过程中，特有的补全信息的能力。

人类：利用意义性认知预测世界

相关性认知和意义性认知没有高下之分，人的行动中必然有相关性认知的存在，春耕秋收、春捂秋冻，大多数人只要根据经验照办，便可极大节省效率，腾出脑容量来贡献给意义。

然而，有些人的相关性认知几乎占据了生命全部，他们的神经系统、感官系统早早关闭，永远只会照章办事，和机器别无二致。正如《约翰·克里斯朵夫》里描述："大多数人的青春在二十多岁就已经死了，往后的几十年重复着自己做的事，重复着所思所想。"

经验既然已经被证明有效，就不想费脑子再思考为什么了，所以相关性认知最大的缺陷，就在于知其然不知其所以然。

某廉价航空公司曾摆过这样的乌龙。有一年，他们通过数据分析整理了当年乘坐飞机 30 次以上的顾客的名单，作为当年的 VIP 答谢活动的参加人选。这里有一个默许的相关：乘坐次数越多的人，对该航空公司的服务越满意。

然而，有一位世界五百强企业的中国区 CEO 回复邮件拒绝参加活动。

收到这个 CEO 的邮件，该航空公司的市场部非常震惊，打电话去问才明白：因为该 CEO 经常最早出门，最晚回家，所以只能坐该航空公司的航班。由于该航空公司拿不到航线的优势时段，所以反而满足了他时间上的需求。

看似正确的相关性，如果不纠其机理，反而容易得出错误的结论。机器尤其如此。人工智能和人类智慧不可相提并论的重要原因之一，就是现有人工智能的算法几乎是依赖表象的极限，对所有复杂的事物，都只能从表面数据去推测它的内部机制。

国际象棋大师加里・卡斯帕罗夫曾经在自己的著作《深度思考》中记录了这样一个故事：

20 世纪 80 年代，科学家编写了一个基于实验数据的机器学习国际象棋程序，希望将十万种象棋大师的路数输入机器，找出哪些更加有效。开始时一切都很顺利，机器程序对棋局的评估比传统的方式更加准确。但一旦真的让它开始下棋，问题就出现了！

该程序发动了攻击，并立即牺牲了它的王后！它只是在几步中失败了而已，根本没有必要放弃王后。它为什么这样做？

很简单，机器从大师的棋局里学到，当一位大师牺牲他的王后时，随后总会伴随一个辉煌而果断的打击。机器显然没有理解大师们在这一步中以退为进的策略，居然拟合出牺牲王后是获得成功的关键这一结论！

如何避免乘坐的飞机遭遇恐怖袭击？最好的办法是自己想方设法带一颗炸弹上飞机，因为根据统计分析，同时有两拨恐怖分子预谋炸毁一架飞机的概率为 0%。

这只是一个批判纯概率统计只看表现的笑话。但实际上，在现实生活中，机器通过算法做出的相关性预测，已经发生了真实的伤害。

美国数学家汉娜·弗莱讲过一个案例：美国弗吉尼亚州有一个名叫克里斯托弗·布鲁克斯的 19 岁年轻人，几年前因强奸一名 14 岁女孩被法庭判定为强奸犯。但事实上女孩是自愿的，没有受到任何强迫。

尽管如此，由于女方未成年，布鲁克斯还是要被定罪。审判期间，法庭用算法评估了他再犯的可能性。算法是这么评估的：由于布鲁克斯在这么年轻的情况下——19 岁就有了性犯罪，因此很有可能再次犯罪，因此建议给他 18 个月监禁。

在这里，算法考虑的主要因素是年龄，但符合逻辑吗？从某些角度来看，如果布鲁克斯 36 岁（比受害者大了 22 岁）再实施强奸，后果会更恶劣，毕竟，19 岁的年轻人还只是个毛头小子。

最后的结果呢？也许你希望看到，法官因觉得算法产生了错误的预测而拒绝施行，最后靠着人类法官的直觉修正判决。

汉娜·弗莱说：“很可惜，这种矫正并没有发生。”

如果人类没有对机器进行监督和把关，而是给了它绝对的权力，很多比这更麻烦的事故会接踵而至。对那些人为因素干预较多的事件尤其如此。

我们都知道，谷歌算法不对外公开，但其搜索结果的排序很大程度上取决于对人们可能会点击哪些链接的预测。虽然谷歌试图创建一个公允的系统，短期内，它确实也在预测点击内容方面做得很好。但很快，各大网站运营人员会为了更多的网站访问量和更高的销售额，研究推断谷歌的算法，进一步人为“优化”、调整自己的网站以提高排名。

如此，经过数周或数月，机器被与成功相关的表象性联系所蒙蔽，搜索引擎充满了“垃圾”，谷歌的排名不再是人们想要的。谷歌需要再次改变预测模型，对搜索结果重新调整，直到再次充满“垃圾”。

谷歌的每一次调整，都是人类依据已有常识、对各个网站的了解、网站异常的行动，对背后原因的补全，而这个水平的预测只有通过人类来完成。

另一个例子，来自光荣而伟大的 19 世纪，力学、电磁学、热学、光学、声学几门学科，一起构建起了经典物理学的完美大厦；牛顿的运动三定律和万有引力定律成功地描述了天上行星、卫星、彗星的运动，又完满地解释了地上潮汐和其他物体的运动。人们以为物理学已经被我们完全探知了，今后物理学家用不着再干什么了，只需要把各种数据测得精确些就行了。

所以在 1900 年的新春，著名物理学家威廉·汤姆森·开尔文勋爵才会做那段举世闻名的讲演，来送别旧世纪："19 世纪已将物理学大厦全部建成，今后物理学家的任务就是修饰、完美这座大厦了。"

可是正当人们对物理学大一统表现出无限的乐观情绪时，"在物理学阳光灿烂的天空中飘浮着两朵小乌云。"——迈克尔逊－莫雷实验和黑体辐射研究进入人们的视线。

两个研究无论怎么实践，都无法套用经典物理学框架里面的相关理论，也就是说，开尔文所说的现有的物理学大厦的理论，根本无法解释这两个实验所展示的现象。

你要是把决策交给人工智能，人工智能一旦发现跟自己要去的方向不一致、不和谐的"声音"，很可能会把它们当作物理学上不可拟合的声音进行删除，直接忽略这两个实验，继续在经典物理学的道路上前进。

于是，在探究真理的意义驱使下，这"两朵小乌云"却始终在人类的心尖上挥之不去——人类做了更多的实验，最终从"两朵小乌云"中发现了相对论和量子理论。至此，人类补全了微观粒子的运动状态及其特性的信息，彻底颠覆了原有宏观低速状态下的经典物理学的理论，走入研究原子、分子、原子核等基本粒子的量子物理学的崭新阶段，这些与相对论一起，构成了现代物理学的基础。

刻舟求剑的错误人类也会犯，但机器几乎无法纠正这类错误，因为机器只能观测已经发生过的情况，从过去的数据里找一找有什么规律，再利用这些规律预测未来，而人类却有自我修正的可能。所以，机器并不能代替我们所有的工作，特别是那些较为复杂的预测工作。一个能成功抓住本质，运用复杂推理解决问题的人，至少在 20 年内，看不到被代替的可能。

2014 年，某知名投资集团已任命一台人工智能机器人进入其董事会的消息，在全球掀起轩然大波。公司称该机器人将能通过分析数据，帮助他们完成生物科技投资方面的决策。

又一个噱头！时刻牢记，机器只注重与成功相关的表象性联系。而数据分析并非董事会成员所做工作的全部，让它参与决策显然是个灾难。

比如，现在公司要对“首席执行官是否薪资太高”的议题做出预测，人类董事会成员可能依据已有信息做出综合判断。而机器人呢？它也许可以把其他类似公司薪资做个相关性分析，再将该公司历史薪资做个分析，做个预测性报告，得出这个执行官到底应该拿多少工资的决议，但是它真的能从背后的道义、价值上预测出首席执行官应该拿多少工资吗？

当然，不是每个人都能进入董事会，但我们应该尽可能让你的工作变得更加复杂、有意义。人类不是机器人，更不是机器化的人，真正有自尊的人类根本不甘心将自身的行为归结为复制成功，他们更喜欢复杂、充满意义的理由、解释和辩护。

AI 思维的弊端

无论对人还是机器而言，直接“复制与成功相关的表象性联系”的做法，有两个很大的缺陷：一是根据经验总结的规则本身就充满了偏见；二是忽略了真实世界里的大量隐含条件，在条件变化后，旧的经验变得不再适用。这两种情况，我们一个一个来看。

第一种情况，有句话说：谎言重复多了就成了真理。机器的概率统计也是如此。给机器输入的数据如果充满了噪声，或者总是在某种前提下才成立，经验就有可能被错误复制，偏离深层现实。

你很可能遇到过这种情况：在在线购物商城对一个风筝进行了收藏，网站很可能据此认为你对此类内容感兴趣，频频给你发送各式各样的风筝链接。

再想象一下下面这个场景。你和小伙伴准备找个地方撮一顿，但在两家餐厅的选择上争执不休。你们都很相信“数据驱动人生”的理念，于是分别搬出了自己最喜爱的点评网站参考评分数据。结果你常用的点评网站显示你想去的餐厅的评分高，小伙伴的点评网站显示他的餐厅评分更高。

两家网站都没有造假，为什么会发生这种情况？

这主要由两家点评网站评论者的构成导致，比如，A 点评网站的用户主要是男性，或者爱吃辣的南方人，而 B 点评网站的用户主要是女性，或者爱吃面的北方人。两个网站得出的结论当然有所不同。数据来源本身就有结构性缺失，充满了偏见，而这些充满偏见的经验是否适应你的情况，则需要根据你个人的特点来思考。作为人类，在利用机器做预测的初始阶段，就必须提前给出条件是否适宜的预判，给机器一些先验知识，或设计一些防范举措。尽管如此，我们也不可能穷尽所有条件。

复制经验本身也会造成数据的偏见，进而让策略失效。美国学者詹姆斯・马奇在《经验的疆界》中举过一个例子：在网球界，假设一位网球选手采取的策略是把球打到对手较弱的那边，也就是说，对手长于左手，就把球打到对手右边，对手长于右手，就把球打到对手左边。

这一策略虽然会增加短期获胜的可能性，但是与此同时会为对手提供练习较弱那边的机会，随着时间的推移，练习效应就会减少对手两手之间的能力差异，进而减弱“把球打到对手较弱那边”这个策略的竞争优势。

第二种情况，是指在条件变化后，旧的经验变得不再适用。因为这种机制的根本，是要看已经发生过的情况里有哪些规律，再利用这些规律预测未来，某种程度上好像在“刻舟求剑”。

人类经常会犯这种刻舟求剑的错误。二战时期，部队的后勤部门规定，战机的皮革座椅要用骆驼粪来保养。这让某位后勤士兵苦恼不已，因为粪便的臭味实在难忍，粪便也难及时供应。

不久后，这位士兵的父亲来部队探望，见其忙着用骆驼粪擦拭座椅，便疑惑地问：“你们怎么还在用骆驼粪养护皮革？”

士兵理直气壮地答：“我们一直如此，这是规定。”

父亲想了想，笑着说："一战时期我们在北非沙漠地区作战，有大量的物资需要骆驼运输，可驾驭骆驼的皮具是用牛皮做的，骆驼闻到那味道，就会赖着不走。于是，有人想到用骆驼粪来擦皮具，这样就能盖住牛皮的气味，果然骆驼就听话了。哪料 30 年过去，你们却将这方法沿用到飞机座椅的养护上，太可笑了！"

"一直如此""这是规定"，就是 AI 的"思维方式"——如果说 AI 真有思维方式的话。而且这种程式执行得越多，思维方式的固化程度就越高。作为人类，我们理应灵活应变，在那些较为重要的问题上，多用意义性思维思考，少被机械化思维禁锢。

置于死地，谁能后生

大家都听过《三国演义》里“孔明挥泪斩马谡”的故事。诸葛亮要北伐魏国，为防后院被端，必须守住汉中咽喉——街亭。诸葛亮四顾无将可用，马谡愿立军令状前往，诸葛亮便应允了他，还派了两万兵力、王平为副将跟随。

到了街亭，副将王平看了地势，说：“我们先在这五路总口伐木为栅，再做长远规划。”马谡却觉得侧边的山上树木极广，是天赐之险，要到那里屯兵。王平说：“上了山，敌人如果再把水源断了，四面围困，将士们定会乱了阵脚。”马谡说：“你这是在胡说。《孙子兵法》上写了，置之死地而后生。他敢断我水源，我战士要以一当百，奋勇杀敌。”

结果大家都知道了，失街亭，空城计，斩马谡。

不只是马谡，历史上，无论是主动还是被动，“背水一战”最终真的被推入水中全军溺亡的失败案例不在少数。公元前 205 年，彭城之战，项羽率楚军半日之内大破刘邦的诸侯联军，仅以 3 万兵力就将 10 余万汉军逼入睢水之中，溺死者不计其数，“睢水为之不流”；公元前 69 年，阿普里亚战役，斯巴达克斯带领奴隶起义军与罗马帝国的最后一战，起义军以少敌多，背水一战，包括斯巴达克斯在内的 6 万名起义者战死，还有 6000 名俘虏被钉死在十字架上。

说好的背水一战呢？说好的置之死地而后生呢？为什么只有韩信能背水一战？为什么只有项羽能破釜沉舟？

背水一战，不是单单一个“勇”字就能成功。“勇”字背后，更深层的，是“谋”字，而且是系统的谋。如马谡这般，诸葛亮都欣赏的人才，也只是注重了“背水一战”表象，而看不透内在的谋，更不要说其他人了。如果单单靠“勇”，单单看到“水”，就觉得背靠着能赢，那基本上就真的是置之死地，而没有后生了。

以韩信的背水一战为例，故事梗概如下：

韩信攻打赵国，和赵国大将陈馀隔河对峙，赵王有兵 20 万，居高临下；韩信有兵 3 万，路遥人疲。即使啥也不干，赵王也能把韩信拖死。

韩信是怎么做的呢？让士兵渡河之后，背水扎营，置之死地而后生，士气大振，一举击溃了十倍于己的兵力。

在庆祝胜利的时候，将领们问韩信：“兵书上都说‘布军列阵都要背山面水’，为何反其道行之？”

是啊，同样的战略，为什么对于马谡是自入死地、自取灭亡，对于韩信却又是置之死地而后生呢？

韩信笑着说：“这也是兵法上有的，只是你们没有注意到罢了。兵法上不是说‘陷之死地而后生，置之亡地而后存’吗？如果是有退路的地方，士兵都逃散了，怎么能让他们拼命呢！”

好了，这个基本就是广为流传的背水一战的故事。

韩信的说法对吗？对，也不对。

置之死地而后生，确实对士气起到了一定的鼓舞作用，但它也有很多适用条件。除了我方军队的人员构成、精神状态、激励机制，还包括敌方将领性格特点、敌方部队的心理状态等等，这些条件一旦发生改变，韩信的策略都有可能全盘改变。

这也是为什么我们看历史，看成功者传记，即使是同一个人的决策，也有很多自相矛盾的地方。有时候“置之死地而后生”，有时候“自入绝地，自取灭亡”；有时候得“留有余地”，有时候又要“赶尽杀绝”；有时候要“知无不言，言无不尽”，有时候却“交浅勿言深，沉默是金”；有时候“亡羊补牢，未为晚也”，有时候又“亡羊补牢，为时已晚”。当适用条件发生了变化，如果没有及时调整思路，就一定会做出错误的决策。

其实置之死地而后生并不是这场战斗百分之百的制胜因子。

咱们可以思考下，整场战斗中，“背水”是韩信主动选择还是被动无奈？“背水”是为了什么？仅仅是置之死地、激励士气吗？除了“背水”，韩信还做了哪些安排？是不是“背水”，对于这场胜利有那么重要吗？韩信真把自己放到死地了吗？还是说看似死地，其实通过系统谋划，早已必胜？这场战役能够胜利，关键点到底是什么？

带着这些疑问，我们重新读一下《史记·淮阴侯列传》，看看韩信还做了哪些谋划。

1. 公元前204年，韩信率数万新招募的汉军越过太行山，向东攻打赵国。成安君陈馀集中二十万兵力，占据了太行山以东的咽喉要地井陉口，准备迎战。韩信的部队要通过一道极狭窄的山口。赵王手下的谋士李左军主张一面堵住井陉口，一面派兵抄小路切断汉军的物资粮草，韩信的远征部队没有后援，就一定会败走；但主将陈馀不听，仗着兵力优势，坚持要与汉军正面作战。韩信了解到这一情况，非常高兴。

2. 韩信一共3万余人，1万人渡河而战，2千人奇袭偷营，剩下还有2万人呢？

这才是大部队。在流传的故事中完全都没提到。《史记》中写得清清楚楚："信乃使万人先行，出，背水陈。赵军望见而大笑。平旦，信建大将之旗鼓，鼓行出井陉口，赵开壁击之，大战良久。于是信、张耳详弃鼓旗，走水上军。水上军开入之，复疾战。赵果空壁争汉鼓旗，逐韩信、张耳。"

韩信、张耳带着1万人先行过河，布背水阵，引诱赵军对战。赵军看着大笑。天刚刚亮，韩信就大张旗鼓地向赵军进攻，赵军迎战。大战好久以后，韩信部队诈败逃入水上军。"水上军"是啥？水上军只能是后来过来的2万人。逃入水上军后，水上军马上进入战局，复疾战。这时候，赵军为了杀韩信、抢军功，倾巢出动。

3."信所出奇兵二千骑，共候赵空壁逐利，则驰入赵壁，皆拔赵旗，立汉赤帜二千。赵军已不胜，不能得信等，欲还归壁，壁皆汉赤帜，而大惊，以为汉皆已得赵王将矣，兵遂乱，遁走，赵将虽斩之，不能禁也。"

《史记》还写了赵军倾巢出动后，韩信的2千骑兵有机可乘，奇袭赵军大营，拔旗易帜。等到了中午，赵军攻不下韩信的背水阵，只能掉头回营，一看自己老家全成了汉军的旗帜。此时，韩信带领的军队也一下子冲了过来，两面夹击，赵军一下子全军大乱。韩信由守转攻，以少胜多，大破赵军。

全面了解了《史记》中的信息后，我们才知道当年事件全貌。这是背水一战么？谋略的核心是置之死地的"勇"么？

绝对不是。

这场战役能够胜利的关键，是"示弱佯攻、逃入绝地、诱敌倾出、奇袭偷营、两面夹击"。这是一个经过系统谋划的战略部署，"背水阵"仅仅是其中一个小小的环节而已。

那么，又如何把“示弱佯攻、逃入绝地、诱敌倾出、奇袭偷营、两面夹击”付诸实践？

实施这一战略的最大问题有两个：

1. 怎么保证赵军倾巢出动？
2. 怎么保证赵军倾巢出动后，韩信这点兵力能抵抗得住？

对面的陈馀，也有着李左军这样的智囊谋士，就算韩信想要诱敌、偷袭，也得赵军全面配合，一旦对方没有倾巢出动，或者是韩信扛不住了被逼到水里了，那韩信就真的死无葬身之地了。但是韩信完全掌握战场的局势和敌军的心理，让赵军妥妥地全面配合。

我们仔细分析几个关键因素：

第一个关键因素，韩信是在得知陈馀坚持正面应战的情况下，才敢采取背水一战的策略。

第二个关键因素，先锋部队的 1 万人，是韩信作为诱饵，亲自带队。韩信亲自带队对赵军意味着什么？意味着围剿了你，就全面胜利，所以赵军才会受诱惑，出击迎战甚至倾巢出动。

第三个关键因素，也就是说这天早上，在很短的时间内，实际打了两仗，第一仗是先头的 1 万韩信军，去挑衅赵军，诱其出战；第二仗才是背水一战，而且出战的不是诈败的 1 万人，而是以逸待劳的 2 万人。虽是死地，但士气、体力和人数，不落下风。

第四个关键因素，地势！为什么说士气、体力和人数，不落下风？只要看一看地图就知道，韩信选择背水阵列阵的位置虽然还算平坦，但也不是能让 20 万大军展开作战的地方。20 万大军摆不开，意味着什么？意味着你倾巢出动，也只能一部分一部分地过来，那我 3 万人就能扛住你。韩信布阵后很好防守，其实没有到真正的死地。

第五个关键因素，夜里渡河，天刚蒙蒙亮，1 万人就出击。为什么？我觉得，一是不给赵军思考的时间，给奇袭部队打掩护，给 2 万主力登陆打掩护；二是保证打到中午左右，打不下来，赵军饿了，要回营，这样就一定能看到老窝拔旗易帜，也就一定会全军混乱。

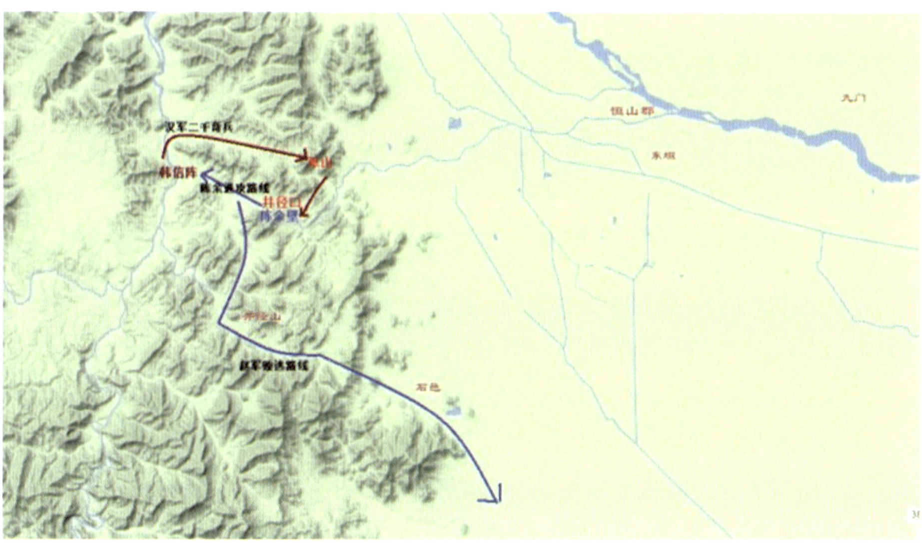

井陉之战地形图

我们之前说过，能不能完美实施“示弱佯攻、逃入绝地、诱敌倾出、奇袭偷营、两面夹击”这一战略，在于能不能解决两个问题：一是赵军倾巢出动，二是韩信 3 万将士扛得住 20 万敌军。

韩信同样完美地解决了这两个问题。

首先，韩信带着3万人，所在之处两边是山，背后是河，丢盔弃甲、败象显现。我如果是赵军，肯定会按捺不住、倾巢出动：“马上就要把汉军赶到河里了，此时不一鼓作气干掉韩信，难道等他又逃回河对岸吗？”

其次，韩信选的背水阵地势极佳，而且分两次出战，也是神来之笔，一阵1万人诈降逃入二阵2万人的阵地，即使此时汉军背水不利，但2万人以逸待劳的气势在，不会立即崩溃。相反，赵军第一阵与韩信第一阵对垒，已经累了，按理说也该退回，换后面一批士气满格的第二阵上来，把汉军推下水。但汉军表面的劣势对赵军的诱惑太大，排在前面的赵军不愿撤回，这样就形成了体力弱、士气低的前军堵在前面，士气高、体力强的后军又过不来的情况。这样，韩信的3万人，必能扛住。

咱们仔细想一想，背水一战地点是谁选的？韩信！渡河时间是谁定的？韩信！进攻时间是谁定的？韩信！

天时、地利、对方心态、局势把握，所有一切韩信都早已了然于胸。韩信导演只不过是按照剧本出演一遍。所谓的背水一战，风险其实为零。

当然，战役胜利后，胜利者韩信可以自吹自擂：“哎呀，我这背水一战，勇不勇猛？敢不敢赌？厉不厉害？”但如果其他人觉得就是背水的勇而已，那就真是太偏狭了。

将整个过程全盘拆解，韩信取胜，绝对不是简单地靠着那个耳熟能详的成语典故。他自始至终都在算计对方的心理，猜测他们每一步利益最大化的选择是什么，然后对他们因势利导。

复制经验的机器能像韩信一样解决问题吗？自然不能。你反复让机器建立与成功战役相关的联系，它也无法看到不同情境下有哪些不同的使用条件、前提条件和边界条件，不懂如何采取不同的策略。可千百年来，看懂背水一战的人都极少，大家往往只看表层的“背水”，没看清深层次的谋划，又怎么能把韩信取胜的一套方法按第一、第二、第三步怎么去做这一套教给机器呢？

机器运作靠的是计算，而人类成功靠的是算计。算计是什么？算计是“运用之妙，存乎一心”，算计是对火候的把握，算计是人类在追寻意义、追寻全局最优解的过程中，意识到自己各种条件的变化，及时调整策略，必要时候以退为进、以守为攻、一步到位……从而解决真实世界的一系列复杂问题。

而这些，是机器永远也无法达到的高度。如果可以固守住自身优势，人类将永远把机器远远甩在身后。

章·八

共情思维

有时候，我多么希望能有一双睿智的眼睛能够看穿我，能够明白了解我的一切，包括所有的斑斓和荒芜。

——三毛

假设此时此刻，你正在荷兰阿姆斯特丹的凡・高美术馆里，欣赏凡・高的遗作《麦田上的乌鸦》。画面上是乌云密布的黄昏，重压下抬不起头的麦穗诡异地摇摆着，不祥的黑鸦仿佛在等待着厄运的降临，这种死寂压迫你的心脏，攥住你的脖子，让你仿佛浑身被缚住般喘不过气来。

“滴滴滴滴……”

站在边上的机器人的仪表盘开始嗡鸣，它通过感应器里精确的数值发现了你面部肌肉抽搐、大脑分泌的内啡呔物质减少 、呼吸急促、心跳加速。

此时，它已经从资料库中将这幅名画的所有背景搜集完毕，甚至找到了所有大师对它的评价，它已经知道凡・高创作于 1890 年 7 月的这幅名画想要表达悲伤、困顿、绝望。现在，它又从你身体的动作、神态、表情的变化数据里发现此时的你同样悲伤、困顿、绝望。于是，它伸出自己的机器长臂放在你的头部，试图安抚你的情绪。

然而，在它面对这幅举世闻名的画作时，永远只是心如止水，在它那纯粹的电路之心里，根本起不了一丝波澜。

一家没有服务员的餐厅倒闭了

2015 年，一家名为 Eatsa 的餐厅在美国旧金山开业，除了把提供一系列将藜麦与玉米、豆类、茄子和鳄梨酱等原料混在一起食用的营养素食菜肴作为特色，在这家餐厅里，顾客从预订、付款到送餐，不会看到任何员工。

它的基本流程如下：进入餐厅后，顾客通过平板电脑下单，下单成功的顾客姓名会出现在大型平板显示器上。当餐点准备完毕，顾客的名字后面会出现一个数字，根据窗口上方液晶面板显示的数字找到相应的窗口并双击旁边的“牛眼”，面板打开，餐点出现，顾客将餐取走，全程不需要服务人员的参与。

2016 年年底，Eatsa 扩张到了 7 家。有顾客曾点评：“在这家餐厅，你无须浪费口舌，无须找人，只要几分钟就能获得味美价廉、营养丰富的餐点。”

然而，这家曾经好评如潮的餐馆，如今却面临关门的风险。2017 年，大肆扩张的 Eatsa 关掉了大多数门店，逐渐向技术供应商转型。有人提出，不想来这里的原因之一是“顾客无法向店员反馈菜品质量”；还有人觉得，这家餐厅冷冰冰的，缺少热情的服务。

“成也服务员，败也服务员。”被迫关门的原因，实在是这家智能餐厅缺乏情感。

尽管人类普遍对于哪些优势和特长不会被人工智能所取代抱有分歧，但目前大部分人基本能形成一个共识——情感是人类可以固守的最后阵地。人工智能研究者李开复就曾经在不同的场合说过：“在 15 年内，人工智能和自动化将具备取代

40%~50%的岗位的技术能力。与此同时，人工智能在两个方面是不能取代人类的，那就是创造力和情感。”

随着科技发展和城镇化进程的推进，表面上看我们仿佛更能忍受孤独，更习惯有边界，更容易和自己相处，然而实际生活中，我们所有人都能感觉到人类对情感的需求从来没有像今天这么高。

我们经常看到老年人被骗的新闻。理财欺诈、保健品推销、传销、非法集资等不法行为总是更容易发生在老年人身上。人们通常把这一原因归结为老年人贪图小便宜，却忽视了更重要的心理因素——他们太孤独、太需要陪伴。

我听过一个真实的事情。为了骗老人低价卖房，一家房屋中介公司培训员工逢年过节就去给老人做饭、拖地、洗衣、嘘寒问暖、极尽关爱，比对自己的亲爹娘有过之而无不及。在感情牌的攻势下，老人很快败下阵来，乖乖把房子低价委托给了中介。儿女听闻后阻止老人，老人继续偷偷和中介联系，倾家荡产也在所不惜，足见老人对于情感的渴求到了何种程度。

需要陪伴的不只是老人，不知道何时起，大城市开始悄然流行“广场KTV”——在公园里一小片空地上撑起一个屏幕，配有音箱和麦克风，谁都可以在这里以五块钱一首的价格唱歌。

大量快递员、外卖小哥、服务员来到这里一展歌喉，不过是满足自己情感上的需求——和人聊天，有人关注，感觉自己在偌大的城市里依然重要。

情感连接从未变得像今天这样重要。为了在高速发展的科技文明下依然获得情感，我们拥抱了天涯BBS、微博、微信朋友圈、抖音……一个重要的目的，就是为了与他人有更多情感上的互动。社交工具直到今天依然是科技大佬们拼杀的重要领域。换句话说，当吃和穿不再是我们生活的目标，当情感需求成为一种必需品，只有理解了人类的情感，我们才能做出更好的产品。

理解人类的情感，需要高水平的共情能力，这是一种将自己置于他人的位置并能够理解或感受他人在其场域内所经历的事物的能力。

我们总是会抱怨长大以后与儿时的伙伴、朋友渐行渐远。想想看，一段友情为何能持续？我认为如果朋友无法提供“利益价值”或“情感（情绪）价值”中的一种，那么友谊必然消散。“利益价值”不必多说，“情感价值”指的是在你有伤心、难受、喜悦、兴奋等情绪时，能给予倾听、安慰、鼓励、陪伴的一种价值。如果一个人没有共情能力，总是向你单方面倾诉，消耗你的情感价值或者总是无法理解你的故事，在你倾诉时只能一个劲地告诉你：“会好起来的”“想那么多也没有用”，你一定会和他渐行渐远。

这也是为什么我们身边有些能力不突出、智商不超群、外表不亮眼、利益价值也不够的人却可以呼朋引伴，因为他们的共情能力可以给人如沐春风的感觉，吸引身边的人向其靠近。

这种叫作共情的能力，人工智能能不能习得呢？换句话说，共情能力是否是人类独有的能力呢？

目前，学者们普遍认为，机器无法习得情感和共情能力。因为人类情感的产生和调节受到三个因素的影响：遗传学、大脑发育以及后天训练。而先天因素发挥了很大的作用。

最著名的例子就是，1848 年，铁路建筑工人菲尼亚斯·盖奇头部受到严重的贯穿性创伤，损坏了负责情绪抑制的前额叶。他虽然得以生还，但性格大变，情绪非常不稳定。

这也就是说，动物和人类存在着情绪、情感，是遗传因素、脑部结构、外部刺激等共同作用的结果，所以目前来看，人工智能机器根本不可能具备人类情感。连情感都无法获得，想要学习人类的共情能力，就更加遥不可及了。然而作为人类，虽然人和人之间共情能力高低有别，却可以通过后天刻意锻炼来提高，那些共情能力更强的人，在这个社会会生存得更好。

因为痛着你的痛

西方有很多关于共情的阐述，可以帮助我们更好地理解到底什么是共情。比如：未来学家丹尼尔·平克说：“共情不是同情，不是惋惜他人的不幸，是与他人产生共鸣。”

美国心理学家亚瑟·乔拉米卡利说：“当人们正遭受痛苦或困扰时，他们最深切的渴望是被当作特例而不是常规现象来被对待。”共情式倾听的关键是了解特定的共情对象在特定时刻或特定情境里的具体情况，而不是普遍性情况。

共情虽然由西方人提出并发扬光大，但其实早在中国的春秋时期，孔子就有过论述。

孔子的弟子曾参总结，孔子终生坚守之道就是“忠恕”二字。

忠是从积极的方面说：“己欲立而立人，己欲达而达人。”意思是自己想有所作为，也尽心尽力地让别人有所作为，自己想飞黄腾达，也尽心尽力地让别人飞黄腾达。恕是从消极的方面说：“其恕乎！己所不欲，勿施于人。”解释为自己不愿意的事，不要强加给别人。

然而，在往下继续讨论之前，需要明确共情中的两个内涵——同理心和同情心。这是理解人和机器在共情方面区别的最重要的元素。

北京大学汇丰商学院教授肖知兴曾经对同理心和同情心这两个概念下过定义：同理心是换位思考，了解他人内心感受的能力；同情心是换位感受，体会他人内心感受的能力。

同情心更加具象，就像你观看走钢丝表演者尝试跨越尼亚加拉瀑布时的那种揪心，或你的孩子即将登台表演时你内心的忐忑一样。

简而言之，就是同样听一个悲伤的故事，同理心强的人会想："故事的主人公应该会很难受。"而同情心强的人会想："同等境遇下，我会很难受。"

例如，影视剧里的变态杀手同理心强，但同情心很差。他们能够精确判断对方的欲望、动机、感受等心理，但不会去体会这些心理过程，他像猫捉老鼠一般，玩弄被害人。他早就知道女主角会往哪里逃，他就是享受这种快感，但是他没有任何换位感受的能力。相反，自闭症患者，同情心极强，但却没有基本的同理心。他们对于音乐、绘画等艺术形式中传达的情绪有强烈的感受能力，但在面对面的交往中，却无法理解对方的一颦一笑到底是什么意思。

我再举个简单的例子。一个直男，不知道女朋友过生日时应该给她买什么礼物，通过咨询身边朋友和上网得出结论，送女朋友一支奢侈品牌的口红很大概率会博得她的欢心。从此以后，他知道送口红很大概率会让女朋友高兴，这便是同理心。他的女朋友收到这支口红的时候抑制不住自己的喜悦，却不是因为这支口红本身，而是从中感受到了爱人为了博自己一笑所付出的努力和心意，这便是同情心。

克林顿当年竞选总统的时候，有一次召开拉票大会，上来一个黑人中年妇女痛诉："我老公是个酒鬼，喝完酒人都找不到，不知道在外面搞什么勾当去了。四个孩子买面包的钱都没着落。电费的单子、房费的单子、银行欠费的单子，一张一张寄过来，我这日子怎么过？”

克林顿上去，一只手握着她的手，另外一只手放在自己胸口的位置，说了一句话——感动美国的话：“I feel your pain.”（我感受到了你的痛苦。）就这一个动作，为克林顿赢得了无数中下贫苦阶层人们的选票。

克林顿小时候只有妈妈没有爸爸，他妈妈拉扯他长大，非常不容易，所以他说这话是有可信度的。克林顿这个动作表示什么？就是换位感受，就是同情心。这个妇女的问题没有解决，但得到了理解。老婆回家抱怨工作的目的是为了让老公把她领导打一顿吗？不是，她只不过是想得到老公的安抚和理解——有时候人们想要的就这么简单。

共情 = 同情心 + 同理心。两个元素同样重要，特别是拥有同情心的人，尤其能打动他人。之所以把这两个元素分开来说，是因为我们可以借此更好地理解机器是否可以产生共情能力。人类是唯一能够把同理心和同情心合二为一的物种。但连最智能的机器都没有同情心，只有同理心，而且，机器的同理心与人类同理心的产生机理完全不同。

人心不可测

机器如何生产同理心？（请注意，机器可以用来制造产品，却不能创造出新事物。）

很简单，虽然没有人体的生理基础和机体构造，但机器可以通过海量数据量化人类的行为和情绪来解读人心。

首先是量化人类的行为。手机时代的我们对此都会有深刻的感受，机器会通过手机对我们老是发哪些图片、买了什么东西、去了哪里、给谁点赞、和谁交朋友等行为分析我们的态度，通过算法来控制、操纵我们的决策。

2016 年美国总统大选之前，唐纳德・特朗普就曾聘用英国数据分析公司 Cambridge Analytica，获取社交网站 Facebook 上大约 5000 万用户的点赞、分享及个人属性（所在城市、毕业院校、工作单位等），通过精准刻画这些 Facebook 用户的心理特征，向他们推送定制广告乃至假新闻，以操控选举。

打个比方，大家都知道美国不禁枪，而且步枪协会很强势，为了能在选举中获取更多的支持而不被解散，他们瞄上了单身母亲群体手里的选票。单身母亲群体可能潜意识里存在一种不安全感，步枪协会便专门为单身母亲推送那些有点让她们害怕的广告，比如“大半夜有人跑进了你们家，而我可以提供给你保护房子的服务”等。这样，单身母亲群体自然就不会支持禁枪。

特朗普成功当选美国总统离不开大数据的帮助，但这是否就意味着机器可以完全操控人类的情感了呢？答案是否定的。因为这些由机器模拟出来的同理心严重依赖数据，它是一种静态的预测，也就是说，这些数据只能总结过去，无法预测未来。当数据不足、指标不够、量化标准不准确，或者数据收集有误差时，准确预测变得尤为困难。

相信很多人都看过2013年美国Netflix公司打造的爆款美剧《纸牌屋》。公司宣称，该剧是一场技术的胜利，它完全通过海量用户对过往剧集的喜好和厌恶的数据积累，来分析和打造新的内容。

前面我们提过，这家公司先是通过数据挖掘得知，用户喜欢大卫·芬奇（电影《七宗罪》的导演），也知道凯文·史派西出演的片子表现都不错，也知道英剧《纸牌屋》反响很好，然后把三者一叠加，这部片子自然是值得赌一把。

然而，这个有关数据叠加的故事，事后却被证明是一次该公司精心营造的“技术营销”。它的成功，大数据和人工智能的功劳虽然不可抹杀，但根本上还是主要依靠当时HBO一家独大的美剧行业里，两季总共一亿美元不计成本的“天价”投入。

单纯用数据支撑的内容产业宛如空中楼阁。如果大数据真如他们宣称的如此神奇，那么Netflix出的每一部剧应该都是精品，都是成功的。可是《铁杉树丛》《发展受阻》《女子监狱》《德里克》，这些都是Netflix推出的自制剧，请问你听说过哪个？看过哪个？感受如何？

如今，Netflix的内部高管已经分裂成两个阵营：数据导向的技术阵营和情感直觉导向的好莱坞阵营。两个阵营的斗争日趋激烈。如果技术真有这么管用的话，相信不会有好莱坞直觉派生存的土壤。

其实除了量化人类行为，机器还可以借助生物传感器和摄像机，监控、量化我们的情绪，进而“模拟”人类的同理心。和上面模拟人类行为的方式相比，这种方式似乎更加直接，然而这种方式也不能保证预测的准确性。

美国的 Emotient 和 Affectiva 两家公司已经开始这么做了。Emotient 公司通过将摄像机对准一个人的脸，分析出这个人在从事某项活动时的总体情绪状态，还能详细显示这个人的 7 种基本情绪——欢乐、惊讶、悲伤、恐惧、厌恶、鄙视、愤怒的程度，以及两种高级情绪——沮丧和困惑的程度。然后，它把这项技术卖给零售商，用来测试消费者的购买态度。

Affectiva 公司则通过监控，从司机的声音、肢体语言和面部表情上识别出情绪。如果司机有严重的路怒症，或是瘫倒在方向盘上，他们的自动人工智能平台就可以控制汽车，带乘客到最近的安全地带，如有必要，还会打电话求救。

这种量化情绪的方式，有什么问题呢？

最大的问题在于，他们都过度依赖于心理学家保罗・艾克曼的表情理论。这一理论认为，人的面部有 43 块肌肉，通过分析每块肌肉的运动方式，可以计算出所有 10000 种可能的组合方式，这意味着人类可以做出 10000 种面部表情，其中，有 3000 种和情绪有关。将这些情绪与肌肉组合一一对应，就可以判断人类的真实情绪。这一理论和机器强大的计算能力一结合，迅速成为情绪监控公司的利器。机器不仅能迅速记住每一种表情，而且不会错过每一帧画面，看上去似乎比人类自己还要可靠。

虽然艾克曼被列为 20 世纪百位最有影响力的心理学家之一，但他的情绪理论也越来越受到质疑。根据他的理论，虽然可以承认，也许有一种可以被称为“核心影响源”主导情绪的产生，某种程度上确实可以正确识别情绪，但每一种情感的“构建”，实际上包含了很多因素：我们从小到大培养的情感感知，描述这些感受的语言，产生情感时所处的情境，先前产生这些感受时留下的记忆，等等。情感和生活、经历紧密联系，比如，同样是驱使我们远离发霉食物的那种“讨厌”感觉，这些经历在不同的文化中以不同的方式进行表述，就不可能具有相同的面部表情或声音线索。

而且在大部分情况下，情绪不是单一的感觉，而是多种感觉、思想和行为交织在一起，综合产生的心理和生理状态。既然承认情绪、情感是综合的，就无法明明白白地将情绪分成几类进行分析。甚至看上去隶属不同情绪的喜悦和忧伤，它们有时也相互杂糅在一起，就像是一团迷雾。

比如，机器可以识别出喜悦，但如何辨别是祖国富强的喜悦、做母亲的喜悦，还是赚了 100 万的喜悦？机器可以识别出忧伤，又如何辨别是痛失所爱的忧伤、考试失利的忧伤，还是被人欺骗的忧伤？

如果在和朋友吃饭时我挑了一下眉毛，按照保罗的理论，挑眉的动作暗示我产生了一种厌恶的情绪，机器就此得出我讨厌眼前这个人——也许事实只是"我相当喜欢眼前的人，只不过很讨厌这家餐厅的环境而已"。

如果表情组合识别真有那么神奇，基于同一原理的测谎仪早就该广泛应用了，不会到今天都还只是辅助侦查的手段。实际情况是，当人类尝试大规模应用这种情绪模型时，往往出错率奇高。

测谎仪的原理非常简单，它本身并不测谎，而是用电极测试你的自主神经系统反应，间接推导这些反应来自哪些情绪，再根据这些情绪在此时此地出现是否异常来推断你是否撒谎。

归根结底，测谎仪还是要用到艾克曼的情绪理论。而测谎仪的准确率，恰巧反映这个理论不能完全被我们信赖。至少短期内，人类依靠自身识别情绪的能力始终无法被全面代替。

艾克曼的研究是著名美剧《别对我说谎》的灵感来源。剧中名叫莱特曼的专家在多数情况下只凭细微的表情变化便可判断一个人说谎与否，但这也引发了此剧的一个悖论：既然撒谎可以表演，这本身就说明莱特曼的分析系统并不可靠。

基于情感的决策

法国哲学家勒内·笛卡儿曾说，人类应该是能做出理性决策的自主个体。我们不应该考虑什么传统、心境或情感，而应该以一种冷静甚至冷漠的态度去看待世界，并与一切事物都保持距离。

这一观点在人工智能出现以后强化为：拥有绝对理性的机器，看上去比人类更加适合决策。安德鲁·麦卡菲和埃里克·布林约尔松两位作者在《人机平台——商业未来行动路线图》一书中表示："决策过程中，人应该只提供常识方面的检查。在其他情况下，他们应该完全退出决策过程。人的主观判断仍会被用到，但判断应该被量化，并被纳入定量分析。"

这类观点虽然有其拥趸，但也饱受质疑。我们无法主要依赖机器做出决策，除了由于机器模拟出来的同理心并不总是可靠，会导致由此做出的决策发生偏差外，还有如下几个原因。

一方面，这一观点假定了人类全体都可以用客观标准和定量分析思考问题，但这种情况实际上是不存在的。我们可以试想一下，一个绝对理性的程序员的老婆花了一个月的工资买了一个名牌包，程序员从家庭的经济水平、人口构成、未来愿景、隐藏风险等角度苦口婆心地跟老婆分析为何不应该买这个包，尽管他说得很有道理，头头是道，但他老婆真的会就此罢手，将包包退了吗？

另一方面，人类的主观意图无法完全量化。如果不理解人类的情感、态度和价值观，机器的决策就无法真正实现人类的意图。

比如，在一部科幻剧里面，未来的人类依靠人工智能来实现“让人类的生活变得更好”这个目的。AI 确实也是按照编程人员的要求，努力实现“让人类的生活变得更好”这个目标。直到有一天，AI 发现地球上人口过剩，于是基于“让人类的生活变得更好”的目标，黑进了各国的武器系统使各国间互相攻击，消灭了一半以上的人类；同时，也是为了“让人类的生活变得更好”，AI 努力地创造一个类似于《黑客帝国》的虚拟乌托邦，消除剩余人类的个体记忆和肉体痛苦，将人们囚禁在意识状态的快乐王国中。

虽然这只是个科幻剧，但谁又敢说，让 AI 做决策不会发生类似的悲剧呢？

哪怕真的有一天，AI 全知全能地掌握全部数据，运算极为精准，但如果它不理解生命存在的价值，不理解自由意志的可贵，不理解有时候实现目的的方式和过程比目的本身更为重要，那么 AI 越是全知全能，依靠它来做决策就越可能产生不可估量的后果。

这里并不是说理性和量化的思考是无用的，只是想说，人类的情感是决策的重要依据，但在现实情况中又表现得十分复杂，用无法体会人类情感的机器去代替人类决策恐怕行不通。因此，在决策过程中，必须以人类为主，人类与机器互相协调，取长补短，只依赖理性，或者只依赖感性，结果都会很糟糕。

我们还要看到，人类自身也恐怕很难从情感上认可机器做出的决策。因为机器可能推测出你在想什么，却感受不到你的感受。它模拟出来的同理心无法和人类产生很好的联结。

当你像下图中的参观者一样站在马德里索菲亚王后国家艺术中心博物馆，欣赏巴勃罗·毕加索的画作《格尔尼卡》，此时一台为你服务的机器人，为画作表现出来的“合成立体主义”而赞叹，为经受炸弹蹂躏之后的西班牙格尔尼卡城而表现出悲怆（同理心），但你知道，它不过就是在迎合你而已。作为人类的你看到画作时浑身战栗的恐惧（同情心），在它那里不过是心如止水的数字化表达。

一个和人类一模一样的人形机器人，看到小孩会喜形于色，听到笑话会乐得颤抖，参加葬礼会悲痛欲绝，和你的表现别无二致。然而实际上，它面对任何血腥杀戮和惨绝人寰的场景都不会有一丝怜悯，它的开怀大笑和热情洋溢只不过是为了取悦你，为了表现得更像一个人罢了。

是不是感觉后脊梁发冷？此刻，你又有多信赖这个机器呢？

情感缺陷永远是机器无法超越人类的阿喀琉斯之踵。

机器没有人味，你们之间没有心灵的共振，你们之间无法建立情感的共鸣；机器没有爱，也没有恐惧，因此也不会有底线和原则，所以你永远无法真正信任一台机器，即使机器人管家也可以把你的家庭管理得井井有条，但你始终更放心那个陪了你一辈子的老伴儿，哪怕他有这样或那样的缺点。

不讲道理，讲情理

当我们拥有强大的共情能力，感受到他人特有的感受，我们可以拿它来做什么呢？

最重要的作用，就是在我们的人际交往中发挥价值。

人际交往的主要目的之一就是劝服。闭上眼睛，回想这几天你自己说的话，是不是或多或少都隐藏着劝服？劝客户买东西，劝上司认可你的工作，劝朋友买房，劝父母别逼你结婚。

很多人都没意识到，显性的真理和事实、逻辑及推理，是劝服过程中的重要元素，但不能起决定作用。能起到决定作用的，往往是隐藏在事实背后的情感需求。

正如美国著名科学家赫尔伯特·西蒙所说："你不能靠逻辑击败人们以改变他们的观点。人们并不仅仅因为一时不能答辩而觉得有义务同意。"

很多人都会在家庭生活中遇到这种情况。比如我的表姐，本来和她的母亲关系很好，但在自己的孩子出生后，反而和全职帮忙照顾孩子的母亲发生矛盾。表姐崇尚西方的科学育儿观，坚持不给孩子穿袜子，要让孩子充分感知世界；坚持给孩子喝恒温在38℃的奶，避免孩子肠胃不适，凡此种种。而她的母亲则认为，我都把你养这么大了，健健康康的，怎么到了今天，反而质疑起我不会养孙子？两个人冲动起来，还会恶语相向。

现在，假定表姐的科学育儿观确实是正确的，你认为我表姐应该怎么做才能劝服我的姨妈，同时改善关系呢？

讲事实、摆道理的争论输赢没有意义。姨妈也是大学毕业，她并非完全不认可表姐的育儿观点。可是作为一个为了养育孙子而放弃工作的母亲，姨妈所需要的，并不是表姐一次又一次指责她的做法是否正确，她需要的，是表姐及其家人对她辛勤工作的肯定。否则，她根本没有办法在自己的生活中找到价值感和意义感。

表姐最该做的，是通过共情，体会她母亲的苦衷，把每一次指责，变成对姨妈这份辛劳的肯定。她可以语气委婉地说："妈妈你把我养这么大，说的肯定有道理，但我看书上有这样一种说法，可能会让宝宝更健康，跟你商量一下你看正确不正确……"姨妈如果在情感上得到了充分的尊重，很可能会认同表姐的观念。

设想把这起纠纷交给机器人，它大概会在全世界搜罗各种证实我姨妈所犯错误的数据，以严谨的观点、科学的论证、详尽的事实，来说服我姨妈。然而，这准保会让家庭纠纷更加复杂。说到底，机器无法通过表面的信息来判断出隐藏的信息，而这些隐藏的信息，只有有共同情感经历的人类才能发现。

说个我自己的故事。前几天我去社区医院打针，随口问了一句给我打针的小护士："你是新来的吗？怎么这段时间从来没见过你？"

小护士脸上露出不悦，说："我来了好久了，给你打了几次针，我都记得你，你怎么不记得我了？"

看小姑娘生气，我有点慌。为了让接下来几天依然要接受她注射器"荼毒"的屁股好过一点，我灵机一动，马上回应："我还纳闷呢，咱医院什么时候来了个这么标致的小姑娘。”

小姑娘马上喜笑颜开，放下手中的针筒开门把我送出了注射室。

哪个女人不喜欢别人夸自己漂亮！这就是共情。

我有个擅长揣测别人心意的朋友，有次他开着自己的三菱车载着我，在一个小胡同里迎面遇到了一辆金杯车，大约因为已经开到了胡同中间，谁都不愿意退让。尽管对个头较大的金杯车非要闯胡同这件事十分气愤，朋友还是压住了熊熊怒火，决定下车通过谈判来处理这个问题。他预测，金杯车司机对自己的技术一定会有虚荣心，于是说：

“嗨，哥们儿，咱们两个人，就你是专业的师傅。”

没有更多余的话，对方开始倒车。

如果是纠缠谁对谁错，谁理应退后，我想这事没法那么快解决——毕竟这不是两个理性机器在吵架。

之所以说这么多生活里的事儿，实在是因为生活、工作中的问题往往是共通的。我们在职场中会发现，最为优秀、最富有人格魅力的领导，也很善于处理家庭生活中的问题，他们从生活中习得了同情心和同理心。通过共情来揣摩他人状态，同样可以在职场中混得如鱼得水。相反，这也是很多工作狂型的领导，往往因为缺乏共情能力，总是以自我为中心，他们的家庭生活也一团糟的原因。

再说一件我做记者时的职场小事吧。有一年，我所在单位的“一把手”和“二把手”不和，尽人皆知。但“二把手”组织召开的媒体研讨会，“一把手”在内的所有领导迫于压力必须出席。

我坐在会议室门口的展台前盯会。不久，“一把手”从会议室出来，在展台前逗留，单位摄影师借机把自己刚才抓拍的照片一张张翻给他看。我也凑过去。“一把手”果然状态不错，所有照片都笑露8颗牙齿。但看着看着，“一把手”脸色越来越沉，说：“这些照片你全部删掉吧。”

摄影师辩解：“你看这张笑得多好呀。”

我马上从背后扯扯摄影师衣角，示意摄影师别作声，然后开玩笑似的接话：“领导放心，我保证督促他把这些不帅的照片全都删了。”

领导走后，摄影师还在嘟囔：“明明拍得那么好。”

我跟摄影师说：“你傻不傻？都知道‘一把手’不想办这个会议。你把他的笑容都抓拍下来，流传出去，间接说明‘一把手’对会议的态度是支持的。他能没意见吗？你若还想在这单位混，难道不是信誓旦旦地跟领导保证这些照片不会外传？”摄影师瞬间吓出一身冷汗。

这便是拥有同理心的好处。无论对方处于什么地位，你把自己置于对方的位置，就能了解他们面临的压力，了解他们的欲望和恐惧。这种方式能帮助你更好地处理那些看似从未解决过的新问题。

如何“蛊惑人心”

共情能力的重要性，并非只在人际沟通上。作为一种进化优势，它和“共同想象的虚构故事”一起，共同维系了人类的组织协作关系。而大规模协作恰恰是人类胜过其他物种（包括机器）之处。

以色列学者尤瓦尔·赫拉利出版的畅销书《人类简史》对于共同想象的虚构故事有很好的阐释：

无论是现代国家、中世纪的教堂、古老的城市，或者古老的部落，任何大规模人类合作的根基，都在于某种只存在于集体想象中的虚构故事。例如教会的根基就在于宗教故事。譬如两个天主教信徒，就算从未谋面，还是能够一起参加十字军东征或是一起筹措资金盖起医院，原因就在于他们同样相信耶稣为了救赎人类的罪过，已经把肉体与肉体的邪情私欲一同钉在十字架上了。两名互不认识的塞尔维亚人，只要都相信塞尔维亚国家主体、国土、国旗确实存在，就可能冒着生命危险拯救彼此。

驱动古埃及人建造大吉萨金字塔的并不是“事实”，而是一个叫作“永生”的故事。

用故事驱动他人的重要能力，本质上是一种共情能力。

为什么美国上流社会人士总是要去为底层社会服务？根本原因是精英家庭出身的人意识到了共情能力的重要性：这是一种可以让他们将各族裔和阶层的人协调统合的力量。他们自身也会因此而成为美国社会的中坚力量。

1963 年，马丁·路德·金与时任美国总统的肯尼迪见面，要求通过新的民权法，给黑人以平等的权利。8 月 28 日，抗议组织在华盛顿特区组织了一次 25 万人的集会，争取种族平等。马丁·路德·金在林肯纪念馆的台阶上发表了著名演讲《我有一个梦想》。

在此时此刻，我们虽然遭受种种困难和挫折，我仍然有一个梦想，这个梦想深深扎根于美国的梦想之中。

我梦想有一天，这个国家会站立起来，真正实现其信条的真谛："我们认为真理不言而喻，人人生而平等。"

我梦想有一天，在佐治亚的红山上，昔日奴隶的儿子将能够和昔日奴隶主的儿子坐在一起，共叙兄弟情谊。

我梦想有一天，甚至连密西西比州这个正义匿迹，压迫成风，如同沙漠般的地方，也将变成自由和正义的绿洲。

我梦想有一天，我的四个孩子将在一个不是以他们的肤色，而是以他们的品格优劣来评价他们的国度里生活。

这篇举世闻名的演讲，标志着 20 世纪黑人民权运动进入高潮。它是共情能力的绝佳体现。

如果换个思路——1963年那个炎热的8月，马丁·路德·金站在林肯纪念堂前，不是分享："我有一个梦想！"而是高喊："我有一个计划！"

他高呼："同志们，当前政治体系下，黑人的民主权利完全没有得到法律上的明确和程序上的保障，我们迫切需要进一步加强顶层设计，提升国会领导的重视程度，研制具体可行的实施意见，完善各州的推进落实机制，严格过程监督和评价管理，最终构建起上下联动、团结协作的格局和氛围，确保黑人同胞的民主权利得到根本保障！"

在场的 25 万黑人同胞还会不会激昂悲愤、同仇敌忾？

细细想来，计划和梦想，表达的中心思想又有什么区别呢？为什么同样一个政治家，演讲形式不同，最后达到的效果不同呢？

这就是共情的驱动力！

计划，只是冷冰冰的理性分析。梦想，意味着终生追求却远不可得的悲剧情结。演讲中，各种细节和具象情景，让人瞬间有了画面感，可以感同身受……

这篇演讲中的细节和技巧很多，因为不是讨论重点，不再细举。总而言之，马丁·路德·金用自己超强的共情能力，创作了这篇演讲，驱动着人们一起完成了一个伟大的目标。

然而，马丁·路德·金只是一个历史人物，对于高度文明的现代社会，人们还有机会驱动人们共同自发做一件事吗？答案是肯定的，最近的一个案例就发生在 2019 年双十一的淘宝直播间。在这一天，淘宝红人薇娅和李佳琦两个人直播间的在线观看人数分别达到了 3683 万人和 4315 万人，他们每人都直接撬动至少十几亿人民币的购买力。

带货人的强大驱动力，意味着传统商业正在发生巨变。某种程度而言，以产品为核心的时代，转向了以人为核心的时代。人们依然关心产品的质量、功能、性价比，但人们也开始把目光投向了带货的人，"谁在卖货"在这个时代开始比"卖什么货”更重要。

那么，到底是什么决定了一个人的驱动力呢？答案还是共情能力。拿薇娅举例，她努力把自己打造成一个邻家小姐姐，自然而然地陪你聊天，告诉你这个保鲜膜值，那个洗衣粉好用，买这个东西还不如买那个，从一开始她就试图与粉丝建立信任，而不是从粉丝身上薅羊毛。

有一次薇娅直播的一个产品，发货时品牌商承诺的销售赠品一个都没有送，几次交涉无果，薇娅决定自己贴钱把赠品补上。这一举动直接让消费者路转粉、粉转“老铁”，赔出去的钱都成了口碑。

在点滴人设的打造中，薇娅逐渐树立了一种“我是为你好”的形象，当她开始说“今天我们买一送一，先领券再减 10 元，来，我们开始倒计时”时，粉丝们情不自禁地拿起手机，点击购买，奉上钞票，只需要三秒就帮薇娅清空了数十万元的货品。

而薇娅本人，今天也已经成功地坐拥六百多万粉丝。

你不知道，我知道

共情能力不仅仅关乎人际交往、沟通劝服、组织协作，有时候，共情能力对人们的创造力也会产生重大的影响。

哈佛商学院知名教授扬米·穆恩在《Different》一书中写道：商业人士在谈论产品进化时的目标都非常明确，通过产品升级让产品变得更好。

她认为，产品升级一般有两种途径。一是加法升级：强化某种产品的优势或增加某种附加功能。如，蓝月亮公司不仅每年会投入研发经费来增强产品的去污能力，还会向洗衣液里添加柔软剂等来提升产品的功能性。

另一种是乘法升级：不断推出针对细分消费者群体的专门产品。比如，蓝月亮推出了深层洁净洗衣液后，继续推出亮白增艳洗衣液、机洗至尊洗衣液。

在洗衣液品类的升级过程中，蓝月亮不是第一个这样做的，也不是最后一个。同类别产品如汰渍，有全效 360° 洗衣液、洁净熏香洗衣液、幻彩护色洗衣液和天然护衣高效能洗衣液等；威露士有深层洁净洗衣液、有氧倍净洗衣液、除菌除螨洗衣液、旋净机洗洗衣液等。

当所有的功能都被满足，洗衣液开始在香味和形状上折腾，比如，现在已经有了球状的固体洗衣球，我猜测未来或许会有气体和分子形状的；现在有了薰衣草味道的洗衣液，那么接下来可能会有洋甘菊味、火龙果味或牛油果味的洗衣液。

是不是觉得眼花缭乱？可连商家自己也没办法，每当有商家向消费者提供一种功能方面的新实惠，消费者马上就会习以为常，新实惠成为新标准。当商品日益同质化，商家被迫陷入新一轮的实惠大战，但产品之间的差异对于大多数人而言毫无意义。

商家采用的是一种产品视角，通过这种视角，人们看到的竞争是同类型产品之间的竞争，比如百事可乐对战可口可乐、酷狗音乐对战 QQ 音乐、人造黄油对战天然黄油。然而，在社会物质极大丰富的今天，它束缚了产品创新，也就难以提高市场份额，因为它忽视了最重要的因素——人类变幻莫测的情感因素。情感仿佛隐藏在海底的冰山，露出来的只是一角，剩下的需要人类通过共情能力来探寻和推测。

有些人会问，情感因素真的无法预测吗？那我们做那么多产品市场调查有何用处？

我们当然不能否认市场调查有一定的参考作用，然而，类似这样的调查问题："你喜欢哪个品牌？""你喜欢什么颜色的衣服？""你是否更倾向于买有机食品？""某商品打几折你会选择购买？"……又怎能通过消费者的回答得出结论呢？

大多数时候，消费者自己都不了解自己。就像我打开淘宝，本来想买本书，结果买了一大堆衣服；我挑选婚戒时告诉自己钻石的克拉数最重要，结果最终还是选择了奢侈品牌的小钻；我放下手中的工作"杀"一把《王者荣耀》，可以理解为我对游戏的渴求，但也有可能是因为我厌倦了工作，想要暂时逃避……我们刷抖音、看火山小视频、发微信都是如此。

市场调查是有必要的，但我们根本无法通过市场调查的方式得知消费者到底想要什么。时代发展，物质极大丰富，要想夺取市场份额，我们必须凭借自己的同情、同理之心来把握消费者的心态。

索尼的随身听（Walkman）推出之前，摇滚青年们总喜欢扛着笨重的录音机到沙滩和山野放音乐，严重影响了假期的愉悦感。公司有人提出，为什么不发明一款便携轻小的“随身听”，让热爱音乐的年轻人可以随时随地地畅听音乐呢？

有了随身听这个理念后，索尼去调研，结果消费者普遍表示出明显的拒绝，大家都说：“我们不需要！”

然而，索尼相信自己的判断，他们坚持研发，随身听一推向市场就大受欢迎。也基于此，索尼公司创始人、前总裁，被誉为“经营之圣”的盛田昭夫留下名言：“消费者并不知道他们要的是什么，但我们知道。”

这一名言，也时常被乔布斯所引用：“消费者并不知道自己需要什么。直到我们拿出自己的产品。他们就发现，这是我要的东西。”

所以，对于企业而言，新的黄金法则是：

给予客户目前无法实现而一旦实现就会想要拥有的产品。

而研发这种产品的能力，只有那些可以深刻洞悉他人的情感和需求的人才拥有。

美国纸巾巨头金佰利公司，20世纪70年代开始，就和宝洁公司依次在卫生巾、一次性纸巾、纸尿裤领域鏖战。双方常常是你方唱罢我登场，你出一个新功能我跟上，我加一个功能你跟上。但在大部分战役中，金佰利都因为对手雄厚的资金实力而败北。

1989 年，在纸尿裤领域，金佰利公司推出了好奇牌提拉式一次性训练裤，它摒弃了以往开发新功能的想法，直接从一个心理因素入手：以往纸尿裤客户的生命周期很短，孩子 2 岁后如果还用纸尿裤，大多数父母就会感到耻辱。因此它试着为 2 岁以上的孩子制造一种像普通内裤一样能提到腰上而不是绑到腰侧的纸尿裤。

这个实验成功了。1991 年，金佰利成长裤年销售额逼近 5 亿美元。《品牌周刊》评价说：“很少看到辛辛那提的宝洁公司会手足无措。”直到 2002 年，宝洁才推出了一种可以与此相抗衡的拉拉裤。但直到今天，宝洁在纸尿裤市场所占的份额仍落后于金佰利。

从功能上来看，金佰利并没有多么先进的改动，但从心理上来说，它大胆地把纸尿裤改造为“大孩子用的内裤”，解决了家长的难题。金佰利内部的很多决策者也是家长，他们根据自己的困惑，发掘了家长们隐藏在内心深处的需求，并最终把这种产品重塑为完全不同的东西。

最后一个案例来自互联网。1995 年前后，互联网还是初生的婴儿，我们几乎

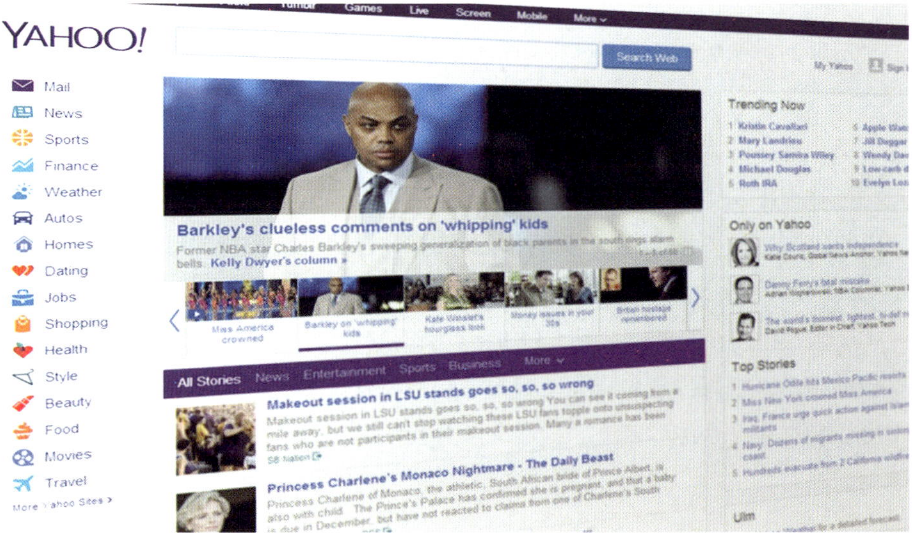

布满资讯的雅虎网站首页

不知道可以通过互联网干些什么。以雅虎为代表的几家美国公司，承诺充当一个虚拟的领路人，牵引我们在混乱的信息海洋中行走。

为此，雅虎不断优化自己的信息服务。它和其他几家门户网站，一起卷入了一场加法升级大战，先是在主页上添加新闻标题、股票行情和最新体育赛事报道；之后又添加了天气预报、游戏推荐、旅游分享、日历、邮箱等服务；再后来，又有了招聘信息、星座分析和娱乐新闻等内容。

慢慢地，几乎所有的门户网站都进化成了一个在线自助“饭店”，他们一起为行业设置了竞争速度，也提供了一种获取网络信息的标准方法。互联网产品的演化轨迹如此清晰，几乎没人会否认我们在向一个越来越热闹、烦琐、嘈杂的网站前进，直到 1998 年，搜索引擎谷歌横空出世。

今天，我们早已习惯了简洁的谷歌页面。但谷歌刚出现时，那个光秃秃的搜索框对人类的冲击无疑是巨大的。如下图所示，网站上没有任何入口，也没有趣

干净整洁的谷歌网站首页

味图片和信息服务，它似乎与消费者的情感和习惯背道而驰。

但是，在简化的基础上，谷歌强化了一些让人不易察觉的奢华功能，比如，以闪电般的速度显示搜索结果，以及根据不同节日和事件而变化的 Logo。

最基本的服务和最卓越的服务结合在一起，反而契合了消费者的需求。消费者长时间潜入互联网信息的汪洋大海，并苦于各种信息缓慢加载的等待，有时候，连他们自己都无法意识到，他们其实需要一个干净简洁的页面。

雅虎不断在网站里添加信息反而变成消费者的一种负担，或者在人的本能里有一种“享乐适应症”。这是美国学者在 30 多年前提出的概念：满足感会逐渐使得人对物质丧失兴趣。昨天还在感激的事物，今天就会理所当然地接受——这时剥夺感则变得可贵。

扬米·穆恩说：“只有在面对大量的选择时，我们才会在这些选择被剥夺后感受到自由；只有对售后服务感到窒息时，我们才会在这些服务消失后产生感激的心情；只有当‘多’变得司空见惯时，人们才能察觉到少的可贵。”

是的，我们看到、听到的一切由人类的语言、行为表现出来的特征都是表面化的，即使采取一些手段去做调研，得到的结果往往都是被掩盖的表面行为，甚至这些调研结果本身就是我们想要的结果，它不过是“再次证明”我们的判断是多么正确。因此，优秀企业的创造力一定依托于旗下员工的共情能力，从而发掘出、寻找到人性中幽微、复杂的隐藏需求。索尼、苹果的发明者、拉拉裤的创造者、谷歌的创造者……他们都深谙此道。

激发你的共情力

1968 年的某天，3M 公司的一名职员斯宾塞·西尔福制作强力黏合剂时，偶然研制出了一种黏度很高、却非常容易被剥离的产品，换句话说，这个产品并不合格。然而，他没有把这个产品扔进垃圾堆。

直觉让他坚信自己的发明有用：这一定是什么问题的解决方式，只是自己不知道罢了。内心的不和谐感让他在接下来的几年内，不遗余力地向周围的同事们讲述这种产品。

这种坚持引发了他的同事、3M 公司的另外一位职员阿瑟·弗莱的关注。在专门了解这种黏合剂的特性后，阿瑟在去教堂参加唱诗班的过程中发现了自己以前没有发现的需求——唱诗班的歌本如果夹着普通纸张作为书签，非常容易掉落，用胶水粘紧又会导致撕下来的时候损坏书页。如果把这种新产品制作成便利贴粘在歌词本上，就能有效防止以上这种情况发生。

很快，阿瑟结合自己的情感需求和生活经验，再次对这种黏合剂做了一些改进，制作成了有黏性的便利贴。

幸好 1968 年人工智能尚未如今天般发达。如果当年给一台机器设定好符合标准的强力值，让机器来判断这种黏合剂是否合格，这种黏合剂一定会被判定为不合格产品，那如今我们的办公桌上，可能就看不到这一张张小彩纸条了。

同理，如果让人工智能出现在雅虎时代。它根据规律“研发”出来的网页，只会添加更多的信息入口和频繁地更换网站设计。它不会发现人们内心深处有对简洁的巨大需求，自然也就无法发掘出谷歌这样的互联网产品。

甚至青霉素——被列为改变人类历史前 3 位的经典发现，也是源于一场意外。

1928 年夏天，苏格兰生物学家亚历山大・弗莱明感觉做实验太累了，决定出去度个假。在他悠闲享受假期的时候，完全忘记了实验室培养皿里还养着细菌。在外面玩了三周回到实验室后，他才发现自己出门时由于粗心忘了收拾培养皿。然而当他拿起一个与空气意外接触的金黄色葡萄球菌培养皿的时候，却发现了不一样的物质——这个培养皿中间长了一团青绿色霉菌（就是食物发霉的样子）。

这一下引起了弗莱明的注意——金黄色葡萄球菌是有名的致病菌，要知道它可是人类感染病菌里的榜眼（状元是大肠杆菌），能引起肺炎、肠炎、败血症、脓毒症等一系列致命疾病。那么……青绿色霉菌是怎么存活的?

正是好奇心的驱使，让弗莱明发现了能够杀死葡萄球菌的青霉素！青霉素的发现，是人类明确使用抗菌药物对抗疾病，尤其是由微生物引发的疾病的成功。直至今日青霉素都被广泛使用。

然而，如果是人工智能来处理，可能直接会按照程序把实验废料丢弃，而不会在意外之下激发出好奇心，最终研究清楚青霉素到底是什么物质。

共情能力是机器和人的重要区别之一，我们可以直接给机器设定数值，让机器直接按照这个标准数值行动；可以让机器做大数据分析，按照既有轨迹，预测出一种表象性的规律。但由于没有人类的感受，未经历人类的生活，对于人类自己都不知道自己拥有的、隐藏着的情感需求，机器既无法识别，也无法推演。

打个比方，机器可以根据“一升水升高 1℃，需要 1 千卡的热量”预测水加热到 10℃、20℃、30℃……需要多少热量，从而让水持续升温，但如果缺失对水沸腾根本原理的认知，机器就无法预计水到了 100℃再加热会汽化，而不是朝着 110℃、120℃继续上升。自然，机器也察觉不到人的内心情感已经“沸腾”即将发生质变。

然而，我们人类大多数时候宁肯放弃自己的共情优势。人类总是相信：凡是能够持续相当长时间的事物，就一定是“正常的”，而且是“永恒的”，只因为这样看上去更加安全，容错率更高。

这一点在中国的商界尤为明显。李开复曾经在《在人工智能领域，美国可以向中国学些什么》一文中写过，中美之间科技领域一个很大的不同在于，美国人认为模仿其他公司的商业模式或其他企业的特征是相当可耻的事，这样做有悖于史蒂夫 · 乔布斯等创新者提倡的“卓逸不群”的信念。

“相比之下，中国创业者对于模仿成功的企业没有什么顾虑。一旦一个概念被证明具有吸引力，数十家甚至数百家其他公司就会涌入这个行业，展开一场激烈的生存战。从分享经济在中国的发展就可以清楚地看到这一点。在优步（Uber）和滴滴等公司证明了网约车的可行性之后，中国的初创企业尝试了所有可能的分享方式：分享篮球，分享雨伞，分享自行车，分享手机充电器。”

几年过去，除了最初的几种模式——优步（Uber）、爱彼迎（Airbnb）和滴滴，共享经济几乎全军覆没。如果人类认为只要效仿一个成功的模式，自己就会有更大的成功概率，和没有感情的机器又有什么区别？

本书并不讨论创新者与跟进者的优劣，这些更多是社会体制成熟度、行业发展阶段的问题，和好坏无关。本书更看重的是在创新和模仿中，企业家们体现出的共情能力。如果仅仅是盲目跟进，而没有从共情的角度考虑清楚问题的本质及适用的范围和边界，或者毫无改进和创新的意识，毫无疑问会在激烈的市场竞争中落败。

前面我们提到，共情能力是人类最根本的天性和特质之一，人生而有之。我们可以意识到自己拥有这种能力，然后通过思维锻炼，激发这种能力，使之变强。

当我们隐隐觉得一件事违反直觉，我们隐隐看到了当前运行方向的不合理，我们隐隐对现状有一些厌倦，感受到自己的不方便也是他人的不方便，共情能力便开始发挥作用，但这不是结束，我们并不能止步于此。

以共享汽车模式为例。无论 Uber 还是滴滴，创始人的故事都是从打车难开始的。Uber 的创始人卡兰尼克・坎普声称自己在巴黎游玩，因为苦于打不到车而萌发开发手机打车软件的念头。而滴滴创始人程维，也对外宣称一次在北京见客户时，在北京蓟门桥一个多小时打不到车，特别难受，于是便产生了滴滴。他们用共情能力发现了“打车难”这个痛点，“我打车很难，你们也同我一样”。

之后是另一个层面的共情力。人类本性中都有用低价格追求高价值的心理，也就是俗话说的占小便宜的心理。满足了这个心理，就会产生愉悦的情感，有了这种心理，拼车就有了心理基础。

接下来，思维进场，双方的需求通过情感和逻辑进一步相互印证。对于共享车的提供者而言，他们的需求是私有物品空闲时间利益最大化；对于共享车的享受者而言，他们的需求是得到超越价值的享受。以移动互联网为土壤，找到二者需求交叉的地方，就是优步和滴滴的生存空间所在。

通过以上的思维过程，可以得出共享物品的本质特征：首先，它是必需品；其次，它价值较高；最后，它折旧率低。换句话说，我不用的时候可以给别人用，同时也不消耗物品的属性。汽车、房屋都符合以上属性，因此优步、滴滴和爱彼迎都有很大概率取得成功。

但是盲目跟风的共享篮球、共享雨伞、共享自行车、共享手机充电器却并非如此，它们不符合共享经济的特征，它们只是借用了共享的概念，本质上只是一种分时租用——商家购买了一批低价值产品分不同时段将物品租出去。这种模式自古已有，早不新鲜，它没有满足人们在生活之中的痛点，也没有满足人类的隐性需求，不能成功不足为奇。

总而言之，共情能力是一种探索人类情感本质规律的能力，可以通过思维锻炼变强。我们将在后面几章中详细论述如何通过思维锻炼培养共情能力。

曾经风光一时的共享单车

简单来说，要想加强共情能力，首先，我们要融入生活、体会生活，浑然忘我地醉心于得心应手的活动之中，并通过同理心发现生活中的问题。然后，我们要从复杂事务中抽丝剥茧，思索为什么会产生某种情感，怎样抑止或增强这种情感，探索情感的终极规律。最后，我们要通过同理之心，把这些情感之间的联系和因果迁移到其他的人和事上。在这个过程中，我们会变得更加敏感、细腻、理智。

章·九

不会被机器取代的五类行业

最后存活下来的不是最强壮的，或者最聪明的，而是那些最善于应变的。

——查尔斯·达尔文

美国记者乔治·安德斯通过研究美国网络就业委员会发布的 1000 多个同时符合年薪 10 万美元以上、明确要求求职者具有共情能力两项要求的工作时发现，相比慈善机构，这类工作在麦肯锡、雅培、雷神、玛氏、辉瑞制药等大企业中占比更大。

该结果与英国一家为英国中等教育改革提供建议的咨询小组的研究结果一致：共情能力在年轻人找工作时太过重要，它甚至不亚于英语、数学能力。

只要你留心观察，便会发现，我们周边年薪 10 万以上的岗位，都会对共情能力有要求。比方说，你能通过共情能力体察产品的痛点，把用户和产品连接起来；你能通过共情能力提升自己的创造力；你能通过共情能力与人更好地交流；你能通过共情能力揣测出团队中每个人都想要什么，人与人之间的利益冲突在哪里……

只要你真正具备了共情能力，就可以在以下几类行业里工作得如鱼得水，不会轻易被机器所代替。

自动回复能代替人工客服吗

如果人工智能代替人类从事越来越多繁复例行的常规生产和劳动，将规模化生产发挥到极致，人类就会逐渐丧失劳动技能优势。毕竟，机器不仅精确到位、任劳任怨，而且良品率更高，单位成本更低。

当人工智能淘汰大量人类一般性的“无差别劳动”时，人类还有可以发挥的空间吗？当然有，那就是“有差别的人类劳动”，也就是个性化的服务。众所周知，随着时代的发展，提供个性化产品的企业将比提供规模化产品的企业更具优势。

当然，我的意思并非说机器不能提供个性化服务。风险资本家赫曼特·塔内加与作家凯文·马尼在二人合著的《去规模化：人工智能和新一代企业如何创造未来经济》一书中认为，人工智能及其催生的技术浪潮，使得企业可以加深对单个消费者的了解，然后为他们提供或者打造专属产品。

比如，美国有一家叫StitchFix（美国时尚电商）的服装电商平台，利用“人工智能+人类造型师”合作的方式为消费者提供个性化服饰定制。它的流程如下：

首先，新用户要填写一份在线风格调查，说明自己的尺寸、身材，透露一些生活方式的信息，比如“你从事什么职业？”“你有孩子吗？”。人工智能采集完信息后，造型师选出5件衣服寄给消费者。消费者留下喜欢的衣服，将不喜欢的寄回。每隔几周，StitchFix会重新寄出一批衣服，这些衣服会被消费者留下或寄回。人工智能在来往中不断“学习”每位消费者的风格和喜好。如此轮回，造型师将寄出更加符合用户胃口的衣服。

然而，实际运作过程并不完美，打开 Facebook 上 StitchFix 的评价主页，满分为 5 颗星，StitchFix 只有 3.6 颗星。

这里面存在两个问题。第一，个性化服务本质上应该是一种更便利、更符合人性需求的服务，但是，当 StitchFix 的人工智能从客户身上攫取数据时，不仅消耗了用户的时间且为用户带来了麻烦。

第二，StitchFix 的人工智能工具没有共情能力，无法体会人类内心深处对于服饰的真正需求。举个例子，即使你在“是否有孩子”这个问题上回答“是”，你也可能是个超短裙狂热爱好者。StitchFix 的高管们一定意识到了人工智能这方面的问题，否则不会一直让它在造型师的指导下工作。

现阶段，虽然很多定制化服务宣称可以通过 AI 来实现，但其中的大部分工作还仰赖人类完成，而那些与人际交往直接相关的个性化服务，几乎无法通过机器来实现，因为它们需要发掘和满足人类内心深处的情感需求。

你可能会打断我：“客服工作难道不是与人际交往直接相关的个性化服务吗？我们现在在淘宝买东西都可以用智能客服了！”

仔细回想一下，你在淘宝买东西时是愿意和智能客服沟通，还是花上几分钟等人工客服呢？实际上，提供人际交往类的个性化服务对于机器而言困难重重。直到今天，靠抓取关键字的自动化机器客服，依然无法改变其让人抓狂的服务方式。它们不太擅长识别隐喻和暗讽等语言背后的意思，不能通过上下文语境来理解人类的语言，当人们与机器人互动时，不仅会产生一种含混不清的体验，还会感到疏远和低效。比如，在和航空公司的智能机器人说话时，它的确可以很好地处理一些请求，例如机械地告诉你该如何升级舱位，但碰到其他问题，例如乘客因为丢失行李而寻求帮助时却会手足无措。

更重要的是，即使某一天，机器学习了最完整、最全面的数据，人类也为机器发明了最有效的算法，机器客服依然没有办法处理好人际关系，最多也只能做到面面俱到的满足和无微不至的迎合。

迎合，对人类真的那么重要吗？确实重要。但我们同时也希望在交往中，体验到惊喜、智慧、钦佩、善辩、愉悦，甚至是无伤大雅的小麻烦、小情趣，而不是一个 24 小时都彬彬有礼、严谨和善、无微不至，但也同样不温不火、索然无味、毫无意外的“标准化客服”。

美国有个卖鞋的 B2C（直接面向消费者销售产品和服务的商业零售模式）网站叫 Zappos，它给平台客服制定的 KPI（关键绩效指标）是：“每一个顾客在挂断电话时有多高兴。”不管哪个部门、哪个职位的新员工，入职时都要先去客服中心接电话，顾客想聊多久就聊多久——他们最长的一个通话记录是 10 小时 29 分钟，最后顾客下单买了一双雪地靴。

这个平台还有很多“增值”行为：一个顾客忘记按时退货，客服发现是因为顾客家人去世，于是马上安排送了一束花给他；有顾客想买鞋，没有库存，员工就跑到隔壁鞋店里买到这双鞋；甚至有顾客出差，到酒店没买到吃的，客服接到电话后甚至帮忙订了一个比萨。

自 1999 年开站至今，Zappos 已成长为美国最大的网上卖鞋网站，甚至超过了亚马逊的鞋类频道。

想要离消费者更近，当然可以通过大数据网罗消费者的一举一动，但 Zappos 提供了另外一个答案，通过最真实的人际交流，牢牢抓住顾客的心。Zappos 的总裁谢家华曾经很自豪地说：“人们会忘记我们是一家以网上卖鞋起家的网站，当你说起 Zappos 的时候，他们会想到我们是一家客户服务超棒的公司。已经有客户给我们发电子邮件，询问我们是否会成立航空公司或掌管国税局了。”

生病了，信医生还是信机器

2018年6月30日，全球首场神经影像诊断“人机大战”在中国的国家会议中心举行。

医生战队包括8名国内神经疾病排名前列医院的“老”大夫和2名其他知名医院的“老”大夫，医疗AI战队也是学习了50种颅脑肿瘤，每种肿瘤至少包含1000个病例的“老司机”。

在脑肿瘤和脑血管影像判读比赛中，医疗AI战队分别以87%、83%的准确率，战胜医生战队66%、63%的准确率。值得一提的是，两轮比赛医疗AI战队均仅用15分钟左右时间便答完所有题目，而医生战队几乎答到比赛结束前最后一秒。

AI降临，未来将有许多行业被重塑，当“老”大夫一次次被“老司机”打败，是否意味着“老”大夫可以下岗了？实际上，比赛结果只能说明，人工智能对单一数据源的定量分析可能做得不错，它并不能证明机器具备了将复杂的多模态数据进行有效综合后做出诊断并提出中肯治疗意见的能力。尽管我们可以把一部分工作交给人工智能，但在“人工智能是否可以代替医生”这个问题上，缺乏共情能力依然是机器最大的短板。

一个合格的放射科医师的工作，不仅有查看影像，还包括看化验单、体检单，问询宗族病史、个人病史，了解患者从前接受过的药物、医治。综合上述所有情况后才能确诊。同时，医师还得具备和患者沟通、交谈的能力。

两年前，我陪着亲戚去一家很贵的私立儿童诊所给孩子看病。诊所的装潢很不错，不用排队，服务人员也笑容可掬，亲戚非常满意。但是他的孩子却一直跟我们反馈：“我不喜欢这家医院，不要再去。”

回来路上我跟亲戚说，这家医院开不长久。亲戚不信，但只半年，医院果然关门。我认为这是因为医院只按照成人的思维模式思考，为成人服务，让成人满意，没有关注孩子的情感和需求。

我让亲戚回想，如果我们只有一个孩子的身高，进入那家诊室，是先看到前台温柔的微笑，还是一个冷冰冰的台子？

“台子。那个前台太高，小孩的身高不够。”亲戚说。

我再问他，你记得隔壁房间传来的孩子打针的哭声吗？

“记得，确实挺吵的。但是所有医院不都这样吗？”

“那是你自己的视角。孩子本来就抗拒去医院，听了这种声音一定更加害怕。作为一家私立医院，为什么不把隔音做好一点，顺便放点舒缓的音乐盖掉哭喊声呢？”

我最后问他：“你是不是闻到了消毒水的味道？”

“是的，那种味道肯定容易让孩子以为又要去打针了。”亲戚忽然开窍。

“对的，你不能用一个医生的思维方式来思考这家医院，而应站在一个孩子的角度。”我说。

儿科诊所是最需要共情能力的诊所。小朋友不喜欢哭喊的声音、刺鼻的气味、看病的大夫，他不会用语言表达，最多只会说：“我不喜欢那个地方，不愿意去。”但成年人却可以通过共情能力来猜测儿童的感受，洞悉问题所在。

一个优秀的儿科大夫，一定也是共情能力很强的大夫。共情能力对于医疗行业来说有多重要呢?

打个简单的比方，北京公立三甲医院和全国顶尖科室那么多，汇聚了最尖端的医疗力量，仅在医疗技术上，几乎没有私立医院的生存空间。但实际情况是有很多正规的私立医院获得了相当不错的营收。尽管医生有些不如公立医院权威，但如果不是疑难杂症，很多患者都愿意花多出 2~3 倍的钱在私立医院购买更好的体验和服务。

患者需要和医生有面对面交流的机会。人类医生能通过患者的表情、语气和语调变化识别患者语言背后的疾病程度，帮助自己做诊断。同理，医生的表情、语气和语调变化同样也深深影响了就诊患者的状态和决策，毕竟，再科学的医疗方案也都需要患者的接纳和理解。

现在，世界医学教育联合会《福冈宣言》已经提出：“所有医生必须掌握与患者交流和处理人际关系的技能。缺少共鸣（共情）应该看作与技术能力不足一样，是无能的表现。”在美国，医学院审核机构已经将与患者的沟通和对其感受的理解，确定为对学生进行综合考评的一大因素。知名舞台演员梅根・科尔到美国的各个医学院讲授“共情技巧”，指导学生利用患者面部表情、语调、肢体语言等非语言的暗示，作为诊断患者哪里不舒服的依据，并教他们用更好的方式表达对患者的关心。

如果仅仅依靠机器，就会出现情感的表达和展露无法被准确理解的问题。情感到底采取怎样的方式衡量？当情感没有被准确感知并无法衡量该怎么办？收集了错误数据进行分析又该如何处理？这就很容易造成分析缺失、决策片面或者分析错误、决策偏差的情况出现。

机器这部分的完善修正，要靠人类的同情心和同理心来补全。

当然，共情的运用相当广泛，不仅仅在医学领域，记者、律师、教师、设计师等兼具专业准入和服务意识的职业都需要共情能力。

我听记者前辈给我讲过一个故事。著名作家沈从文在接受几位记者采访时，说起自己曾经在特殊的岁月里打扫厕所的经历，在场的一位年轻记者轻拥他的肩膀说："沈老，您真是受委屈了！"忽然，这位 83 岁的老人当众抱着记者的胳膊号啕大哭，怎么也止不住，在场的人全都愣住了。

记者那一句话，一个动作，精准地触碰到沈从文内心最柔软的地方，当所有压抑的委屈被看见、被理解，情绪就完全无法自持，这就是共情的力量。

灵魂艺术家 VS 普通艺术家

天才少年巴勃罗·毕加索，是世界美术史上绕不过去的名字。然而，如果你没有经过专业艺术训练，不管你在西班牙毕加索博物馆还是纽约现代艺术博物馆欣赏这位名家的画作，都会有些怀疑人生：那一个个稀奇古怪的图形是什么意思？为什么人们的脸会被“劈”成两半？为什么毕加索像“变态分尸狂”一样，把好好的人物拆分为那么多几何图形？

早期的毕加索其实没那么“变态”，他和其他艺术家一样，采用的是传统画法。他在 15 岁时完成的写实主义名作《第一次圣餐》，更加注重光、影及真实的构图。

但同时期出现的摄影技术，做到了栩栩如生地展示所有画面，这让所有艺术家都产生了困惑：如果艺术的本质不是视觉真实，那又是什么呢？毕加索却认为这是件好事，摄影终于可以让绘画从一辈子模仿自然的命运中解放出来。

在巴黎，毕加索很快有了这方面的探索，他情感充沛、灵感四溢，宣扬着“我只把我所爱的东西画进我的图画”的口号。1907 年，他创作出被称为 20 世纪最重要作品的《亚威农少女》，使他成为立体主义的开山鼻祖。

《亚威农少女》中所画的 5 个少女，是西班牙著名红灯区的失足少女，她们或坐或站，搔首弄姿。5 个少女的胸部是三角形的；眼睛和脸是正对着观众的，鼻子和身体是背对着观众的；女人前方摆着的西瓜，尖锐得好像要刺入人的身体。整个构图看上去就好像所有物体先分解成单纯的几何形体，然后在画布上重新进行组合。这种风格在当时亘古未见，在那之前，意大利文艺复兴时出现的透视法对画家限制了五百余年。

毕加索的《亚威农少女》

即使完全不知道这幅画所表现的主题是什么，每个置身于画前的欣赏者,依然会产生深深的共鸣。那些丑陋、病态、变形的女人，有一种狞厉可怕的艺术表现力。至此开始，立体主义成为毕加索的专属风格。十几年后，立体主义画法在法国全面开花，继而波及其他艺术领域，成为我们耳熟能详的绘画风格。

现在，我们已经知道了什么是立体主义，当我们认识到立体主义的特征，再看几幅毕加索立体主义的画作，就可以轻易将毕加索和其他画家的画作做出区分。

同样，在欣赏过文森特·凡·高大量作品之后，我们也可以同样识别他的绘画风格：饱满的色调、粗犷的笔触、扭曲和夸张的造型。之后每多看一幅凡·高的作品，我们都将调整对凡·高绘画风格的认识，直至对这一风格越来越熟悉。

目前，人工智能对于艺术探索的最大程度，就是机器通过深度学习，大量积累某一艺术家或某一时期绘画作品的风格数据，用逻辑来推演同一风格下的画作该如何呈现，进而“创造”出一幅相似的作品。

但是，当市面上根本没有某种风格存在时，人工智能绝对无法像毕加索、凡·高一般，通过内心情感的迸发，开创一个引发人类共鸣的全新的绘画风格。

凡 · 高的《星空》

美国艺术作家马克 · 盖特雷恩在《艺术是什么》中的这段话也许能更好地解释这一观点："一般性的风格是在事实发生之后建立起来的，因为学者们通过对比大量个体艺术家的作品来识别普遍倾向。文化、历史时期和流派都不创造艺术。个人才是艺术的创造者，他们利用（有时候抗拒）其时代、地点提供给他们的可能性进行创作。"

一些艺术风格被湮没，一些艺术风格被流传。机器的推演永远在风格流行之后。而风格得以流传的根本原因，在于画家创造一种风格时在某种程度上反映了同时代其他人的情感或感受。所以钱穆在《中国思想通俗讲话》中说："故真高明者，必转近于广大之德性，更易为广大心灵所了解，所接受，而后此高明之思想，遂易领导群众于时间，故曰'极高明而道中庸'。"

人们发明，人们创造，其实只是因为"我体验的世界应该跟你一样"。这也间接说明，由于短期内人工智能不具备人类的情感，它们无法发现隐藏在人们内心深处的共通性。它们即使能够开创某一风格，也无法走进多数人的内心世界。

当然，那些靠着模仿和参考他人作品进行创作的艺术家们可要当心了，人工智能在短时间内，绝对是可以重塑你们的职业认知的。

为谁而写

假设现在，你和曾凭借《当哈利遇见莎莉》《西雅图夜未眠》等影片多次获得美国奥斯卡最佳原创剧本奖提名的编剧诺拉·艾芙隆一起在高中的新闻学课堂上学习，老师给你们布置了同一道题目：为下面引号中的故事写一段导语。

“比弗利山庄高中的校长肯尼斯·彼得斯今日宣布，比弗利山庄高中全体教员将于下周四赴萨克拉门托参加一场有关新兴教学法的学术讨论会。人类学家玛格丽特·米德、大学校长罗伯特·梅娜德·哈钦斯，以及加州州长艾德蒙·杰·布朗将会到会发言……”

写导语是记者的必备技能。你可以将导语简单理解为对一段新闻的精要定义，将它放在新闻的前面，起到概括新闻最重要、最精华的信息的作用。

试想一下，如果是你，会怎么写？

也许你会和艾芙隆以及她的同学们一样，写出如下句子：“下周四，全体教员将……”“人类学家玛格丽特·米德、大学校长罗伯特·梅娜德·哈钦斯，以及加州州长艾德蒙·杰·布朗将于下周四参加一场有关新兴教学法的学术讨论会并发言……”

写出上面这样像样的句子也许对你来说并不难，但最终艾芙隆的老师会告诉你和学生们，你们写得都不够好，他认为最好的写法是："本周四不上课"。

"在那一瞬间，"艾芙隆回忆说，"我懂得了，新闻学不仅仅意味着要反刍事实，而且还要把握重点。弄清楚什么人、什么事、什么地方和为什么这些要素是不够的，还要理解这篇新闻到底意味着什么，以及它为什么重要。"

同样，为什么机器撰写的文案无法代替人类那些优秀的作品？因为它没有共情能力，它根本无法理解一件事对一个人到底意味着什么，以及它为什么重要。也许你说了前半句话，机器可以根据你的口气，用概率推测出你下半句要表达什么，但它依然无法写出优秀的新闻。

我们知道，人工智能和大数据已经开始"占领"文字创作领域了。我们前面说过机器学习的原理，倘若让机器浏览从《荷马史诗》到《哈姆雷特》，从《红楼梦》到《长安十二时辰》等成百上千本作品，而且记住了所有词汇和句子的排列逻辑，那么当机器写作时，如高山流水般淌出优美的段落一点也不奇怪。

早在 2018 年，京东和阿里巴巴就在开发能够自动生成产品描述的人工智能。它在深度学习淘宝、天猫上的海量产品描述后，采用自然语言算法的技术，每秒能自动生成 20000 条商品文案。

2019 年年初，埃隆·马斯克成立的人工智能公司 OpenAi 宣称，其发明了一个人工智能写作程序 GPT-2，因为其写作能力太强大，容易被居心叵测的人利用而造成不良后果，暂时不能发布完整版本。这里面固然有炒作的成分存在，但《纽约客》的作者亲临 OpenAi 总部进行体验，还是被这个程序的强大能力所震撼。笔者是做杂志记者出身的，深知《纽约客》所需要的长新闻的写作难度要比电视新闻和报纸新闻大得多：不仅要求逻辑清晰，而且对可读性的要求也很高。GPT-2 却可以通过机器学习掌握杂志新闻的写法。它模仿了 1950 年《纽约客》对欧内斯特·海明威的一篇著名访谈，然后顺势写了一段。

“海明威可能是当时美国最伟大的小说家和短篇作家。他很少来纽约。大部分时间他都在距离哈瓦那 9 英里外的农场度过，那个农场叫作瞭望山庄。在那生活的除了他和妻子之外，还有 9 个佣人、52 只猫、16 只狗、几百只鸽子和 3 头奶牛。”

“我（也就是记者）沿着小路向篱笆走去，看见了一只胖乎乎的狗。这只狗在战前经常来瞭望山庄，它现在正沿着小路飞奔到主楼，旁边还站着一头同名的、微小的母牛。院子的地上有一摊红肉汁，海明威就在草坪的椅子上坐着。”

你能分析出哪些是机器写的，哪些是人类写的吗？实际上，连《纽约客》的记者看到第二段机器创作的文字都大吃一惊，感觉仿佛是自己在写作。

不过深究起来你会发现，当前人工智能能够发挥的最大作用，还只是能生成相似的文本，尽管文笔十分优美，但因无法理解写作内容和对象之间的相关性，人工智能还无法创作出优秀的作品。

拿最简单的年终总结来说，你让机器写一个财务年终总结，说不定它会创作出以下文案：

一年来，除做好出纳日常工作外，我还自觉服从领导的安排，完成国地税、社保、补充医疗及住房公积金相关工作，参与每月公司组织的财务监督小组会议，在会上和小组成员共同把关从财务角度审核每项资金来源和预算支出，这个会议是个很好的学习机会。其次，我还配合劳资进行了相关核算工作，及领导交办的其他工作。此外，我还参与了公司采购工作，规范了采购程序，参加了多次公司采购相关培训，通过电子化平台，开展中心日常办公设备、家具政采工作。同时负责公司日常办公用品、学习用书的采购以及日常印刷和维修工作。回顾这一年，我深知自己的能力和经验还有很多不足，但领导和同事们都给予我很大的理解和帮助，在此表示深深的感谢。

看完这份工作总结，你有什么感受？它太事无巨细，各项工作的总结也不够到位，最多只能表达出“干了很多活儿”的意思。但是，要想写出一份好的工作总结，一定要思考两个问题：

年终总结是写给谁看的？

领导希望从总结中看到什么呢？

年终总结的对象，是你的上司，可能是直属上司，也可能是更高层的上司，他不仅需要知道这一年你在单位干了些什么，还想知道你给单位带来了什么、你从中学到了什么、得到了哪些成长……共情能力强的人，会把这些领导关心的内容进行提炼并巧妙地呈现出来。我们来看下面这段修改后的总结：

在工作方面，我承担了记账报销、缴纳社保、税务核算、外联、政采、设备维修等多项工作，并积极配合领导和其他同事完成了审计、劳资相关多项检查和工作。由于事项多、关联小，身体和脑子都要马不停蹄地忙碌。经常是早上正在核算账目，碰到电脑或复印机故障，就要紧急联系相关人员维修；间歇时要应对同事们各类事项咨询；偶尔还要放下手头所有事务去总公司取送文件，最后晚上回到办公室继续当天的工作。白天想在办公室里踏实工作几乎不可能，想要专心做事基本是在 9 点前或 5 点后。

虽然忙忙碌碌、紧紧张张，可到年底总结时，却没有能拿得上台面的大事可以罗列。所以，比起日常忙碌、琐碎的工作，我更想与大家分享这些年来的收获与感悟。

记得刚来到公司时，公司领导和同事们精深的专业知识和哪怕会议上随意间的侃侃而谈，都让我充满了不自信。但大家并没有因年龄小、学历低、见识浅而对我区别对待，而是一视同仁，让我消除了不安，也让我有了心甘情愿为大家付出和奉献的热情。

工作中我也曾迷茫困惑：各位同事都承担着重大的工作任务，而自己仅仅做着细小琐碎的工作，不禁对工作意义和自身价值感到质疑。但看到各位领导同样亲力亲为复印文件、为客户倒水、寄快递，我才慢慢明白，职位有高低，但无所谓贵贱，适合自己能力、性格，能够促进个人发展的就是适合的工作。每个单位，都有聚光灯下的焦点，但耐得住寂寞、愿意在路边鼓掌的人同样弥足珍贵。正像古人所说，“上善若水”。我甘心做个水一样的员工，低调做事，“坐在路边”为大家服务和鼓掌。

机器没有共情能力，不知道写作的目的和意义，就算把这些信息输入给机器，它也无法知道这些内容意味着什么，无法生产优秀的思想，也就无法做出优秀的文章。

普通的公文尚且如此，在灵魂写作上，机器就差得更远了。海明威写过一个著名的故事，仅由三个词组成：“出售、婴儿鞋、未使用。”它看起来像淘宝网的搜索关键词。但在海明威笔下，这三个词能让人联想到一个悲伤的故事，产生情感共鸣。这种能力来自他对人类生活的深刻理解，这是机器永远不能具备的。

大企业需要什么人才

当你看到麦肯锡的分析师们，穿着黑色西装，手持电脑包，从一个大厦的办公室穿梭到另一个大厦的会议室，拿出银白色的苹果电脑时，你一定猜到，这帮人又该在投影仪上，演示他们的风险评估图、竞争标准图、品牌定位图、用户调研表了，这些图表里将显示这样一些内容：市场占有率、消费者数量、产品销售情况、新出竞品情况等。

现代商业作为人类最重要的领域之一，经过千百年的淬炼，形成了一套默认的逻辑和规范。人们倾向于认为：没有这些数据分析做出来的调研报告，无法真实反映市场情况及消费者的需求。现代社会，哪怕就是年轻人在小区门口创业卖包子，如果不运用SWOT分析法（态势分析法）出个分析报告，都感觉心里没着落。

然而，这样的数据分析真的是完美无缺的吗？

2003年，美国学者诺拉·奥福莱特、戴维·埃尔津在《完善品牌建设》一文中宣称，他们共同发明出一套可以用来创建强势品牌的科学方法，即通过详细分析和处理海量数据，总结出近期的消费趋势，进而推演出未来的新趋势，找到最有潜力的细分市场，帮助商家找到未来发展方向。

他们通过估算人口肥胖率、阿特金斯减肥法（国内称食肉减肥法）相关书籍销量、率先使用阿特金斯减肥法的人群增长率，以及过去减肥风潮的发展趋势等数据，估算出当时有 1500 万人在实践阿特金斯减肥法，这将让高蛋白食品这个细分市场的销量出现井喷式增长。

雷军说："站在风口上，猪都能飞起来。"《完善品牌建设》这篇文章发表后的两年内，很多企业冲入低碳水化合物市场，想借着这股势头大干一场，导致市场上生产出来的产品供过于求。没想到，2004 年阿特金斯减肥法风潮开始消退，2005 年生产低碳水化合物的公司几乎全部破产，投入这一领域的钱也都打了水漂。

几位学者的强势品牌建设方法看上去似乎无懈可击，实际操作中却问题重重。最根本的问题在于，量化分析给出的答案往往基于以往已有的数据，它高度依赖市场的稳定和人类生活、情感习惯的稳定，所以在短期内实施和验证较为有效。但在更长的时间跨度下，人是会发生变化的，如果完全依靠量化的方法分析未来，就容易忽略包括人性、情感、感受在内的变量。在这个例子中，低碳水化合物的减肥法中的反人性因素就是个变量。

自律和坚持永远是少数人的特征。人性嗜懒，人性嗜馋，初期体重的迅速减轻可能让人欣喜若狂，当进入平稳期之后，人们的希望会破灭，一切又回归到了原来的样子。

尽管我们已经进入智能时代，大数据分析比以往的统计分析更加准确、高效，但忽略人性、情感和感受的缺陷始终没有解决。因此，对于一个企业来说，哪怕用机器完全取代了数据分析，也不能少了那些具有共情能力的人才——他们有时候甚至能够发挥比数据分析师更加重要的作用。

大家可能都注意到，几乎全世界的超市都在收银处摆放了口香糖、避孕套、电池等小物件。这是为什么呢？因为在无数次的数据统计中，大家发现将口香糖这类廉价的快消物品摆放在收银处时，能大大提高其销量，二者的关系是正相关的。因此超市就会在今后的销售活动中，参考这种统计方式并遵循这样的统计结果。

但是，是谁最先想到把口香糖放在收银台这个点子的呢？毋庸置疑，一定是一个深谙人类消费心理的人。只有拥有强大的共情能力的人才会想到，人类普遍拥有贪图便宜、冲动消费的特点，因此在排队结账时，很可能顺手“牵走”一个可买可不买的廉价物品。

然而，数据分析本身是无法创造这种思路的。由于缺乏人类的情感，它通常更善于验证，而非事先准确预测出某一品类在何处售卖效果最好。

在物质极大丰富的今天，人们的吃穿住行几乎“武装到牙齿”，产品更多的是满足人类情感方面的需求。因此，企业最需要的，是那些熟知人类情感的人，如果对此没有认知，仅仅依靠大数据分析，企业将无法做出正确的决策。

此外，企业对员工共情能力的渴求还来自其内部对管理的需求。当一个人走上企业内部的管理岗位，他必须学会使用权力。他必须理解他人，知道团队中每个人都想要什么，人与人之间的利益冲突在哪里，如何最大化发挥每个人的积极性，此外，他还要懂得倾听、接纳不同的观点，包容心会使团队合作更高效。

部·四

提升训练
——成为智能时代卓越者的思维模式

章·十

关键思维

举一纲而万目张，解一卷而众篇明。

——郑玄

在做记者期间，我曾经采访过很多极为聪明、极为成功的政商界人士。尽管从事的行业、工作完全不同，但他们身上却有一个极为显著的共同点，就是在观察问题、处理问题时，能够在烦冗复杂的事情当中迅速找到解决问题的关键点，对症下药，精准“破题”。

这些成功人士，由于背景不同、经历不同，处理事情的角度和思路也会各不相同，但“抓关键”的思维方法，却是出奇的一致。这也是作为领导或管理者必不可少的思维品质。

然而“抓关键”三个字，说起来简单，真正实践起来却相当困难，只有极少数人能够熟练地运用这种思维看问题、做事情。这种能力并非天生就有，可以靠经验积累，也可以通过后天锻炼。人们一旦掌握其中的技巧，生活、工作、学习都会发生质的飞跃。接下来的几节你将会对如何“抓关键”有清晰的认识，并掌握其中的技巧。

董事长的三个关键

2016 年我采访过一个大型民办教育集团的董事长。这位董事长最初在一所中学当校长，把这个中学管理得全国知名。因为学校办得好，很多地方政府就与他开展合作，为他提供土地和政策的支持，让他在当地办学校。

几年下来，他办的学校规模迅速扩大，从当初的一所中学，扩展到现在包括幼儿园、初中、高中在内的大规模教育集团，全国各地到处都有。规模越来越大是个好事，但也随之带来了一系列棘手的问题：

在当初只有一所学校的几千名学生时，校长可以事无巨细、一一过问，现在十几个学校几万人，作为一把手怎么管理？重点抓哪些方面？

全国的十几所学校里，有东部经济发达地区的，也有云南、贵州这些偏远地区的，教师教学水平差异巨大，学生水平参差不齐，怎么能把每所学校都办好？

当地政府的合作既是机遇也有压力，一旦出现问题，学生、家长不满意，社会舆论负面影响大，一切努力就前功尽弃，怎么能够保证每所学校的管理不出问题，让政府、社会、家长、学生都满意？

董事长对我说，他最大的秘诀，就是“抓关键”。

他说，现在学校有几万人，集团内部各个学校的建设水平、教师教学水平参差不齐。把这样一个几万人规模的学校做好，和把一所几千人的学校做好，完全不是一个思路，不能仅仅从教育层面考虑，还要考虑教育是个民生问题，不容有失。

作为一把手，董事长重点抓了三件事：一是每年开展集中培训。董事长在深入学习了华为、联想、腾讯等企业内部文化建设后，系统设计了全员培训课程，每年不仅对全体教师进行一个多月的集中培训，还对管理层、资深教师、新入职教师分别进行针对性培训，以此作为传达集团意志和决策的重要渠道，帮助员工统一思想，提高员工对集团的价值观和教育理想的认同感。他觉得，在达成共识的基础上，才能保证决策执行到位。

二是将教师的教学模式化。董事长牵头，举集团之力组织专家开发了一套本集团的课程教学模式，并在各个学校实施。这个模式详细规定了教师上课教什么、怎么教。比如，小学四年级数学课，在 40 分钟的课堂教学中，规定教师讲课 20 分钟，学生研讨 10 分钟，课堂练习 10 分钟；还要规定前 10 分钟教师教什么，后 10 分钟教什么，诸如此类。通过模式化的教学方式，让教师迅速进入状态，保障教学质量。

你肯定会想，这样一刀切的做法不科学啊，难道不会压缩教师的个性化发挥的空间吗？当然会，但目前最大的现实是集团的生存，是政府和社会对集团教育的期望，这个时候必须效率优先、步调一致，不能一味追求自由和个性化。

三是打造品牌学校。随着集团规模不断扩张，学校数量不断增多，人才资源愈加紧缺。为提升效率，集团将最优秀的校长、教师集中到一所学校，集中所有资源和支持，在最短的时间内将这所学校建设成为教育质量优异的品牌学校。之后，每年逐步将这个品牌学校的骨干力量，派往其他学校担任校长，复制品牌学校的管理模式和成功经验。

为什么要打造品牌学校？一来，提升集团的影响力，毕竟社会和政府永远关注的是顶部，要集中资源打造一所超级名校可以提升集团整体的知名度和美誉度。二来，学校里优秀教师就那么几个，万一培养出来再被其他学校选调走，会伤学校的元气，对学校的长久发展造成不好的影响，但只要打造出品牌学校，在品牌校内形成了固定机制和文化氛围，使教师得到快速成长，并不断涌现出骨干教师，形成自身稳定的“造血”功能，即使抽调一部分人，也不会有太大的问题。

抓好这三件事，整个集团就能保持正常运转，实现持续发展，提高教育质量和社会满意度。

实际上，我在另外一场互联网企业的分享会上，也听一位老总说过，高管在企业内部管理上，要重点抓好“人事权、财政权和否决权”，因为人事权决定了什么人是合适的人；财政权决定了什么事可以做，什么事做不了；否决权决定了公司未来的发展方向。此三者在源头上决定了公司关键性因素，其他细枝末节都是围绕这些支点一层一层衍化出来的。这个老总的公司也管理得非常好。

捡起西瓜、丢掉芝麻

我老公患有痛风。这种病，简单地说，就是因为个人体质的原因，在食用海鲜加啤酒等类似的食物组合后身体会产生特异反应，在手关节、脚关节等地方形成了结晶，发病时会剧痛。

他第一次痛风发作时，是在脚踝处。据他说，感觉像崴脚了一样，疼痛无比。他反复琢磨了好久，也没有跌倒碰撞过，应该不会是骨折，于是保守治疗，又是贴膏药又是做按摩。躺了三天不见好，夜里疼得嗷嗷叫，最终还是去了医院。骨科大夫询问了没两句，直接就说你这是痛风，去看风湿免疫科吧。直到这个时候，他的观念依然坚定如初："大夫要不您再好好看看，我这就是崴脚的疼啊，我以前没得过痛风啊……"

所以说，当面临一件不那么错综复杂的事情时，我们都会找不到关键问题，而且连非关键问题都找不准，眉毛胡子一把抓，导致头疼医头、脚疼医脚。

为什么会这样？因为我们缺少对事情关联性的把握。还继续拿痛风来说，其实痛风和崴脚还是有区别的，比如崴脚一定是有外在的扭伤，保持某个姿势疼痛会得到缓解，而痛风是无时无刻、无论什么姿势都会疼。正因为我们不了解它们各自的联系和机制，所以看不到诱发脚疼的深层次原因。

我身边有许多抓不住关键的真实案例。我认识的一家互联网企业总裁跟我说，有一段时间，他们公司销售部门的员工工作积极性不高。为此，公司开始努力“提高员工工作积极性”，具体做法就是那些常规的、表面的方案：提高员工福利，组织每日晨会，大家围成一圈，互相打鸡血、喊口号——但这并没有解决问题，员工依然人浮于事，甚至开始有大批员工离职。

反反复复修改策略都没有起到太大作用，老板为此头疼不已。其实，如果连加薪、提高福利待遇都无法激励大家，其背后一定是公司管理机制出了问题，只是头疼医头地从激励机制来促进员工的积极性，一定不会奏效。

最后，这家公司的老板只能从外面请了个顾问。这个顾问通过调查发现，半年前从其他地方空降过来的部门领导，太喜欢把控一切了，完全不给员工自主发挥的空间。而他自己能力不强，又反复无常，喜欢对细枝末节横加干预，久而久之，员工产生了懈怠心理，干好干坏一个样，反正也得不到鼓励，也不是自己的功劳。

员工慢慢摸清了领导的脾气秉性，没有任何动力提升自己的工作积极性和战斗力，慢慢地不对任何工作发表意见，只要满足领导的掌控欲就好。这样看来，问题的关键不在员工，而在领导身上：如果这位领导不放权，员工福利再好、再给他们打鸡血也无济于事。

那么，如何去找到事物之间的关联，避免在伪问题上白费工夫，一击致命找出关键问题呢？

抓关键的基础在于看清本质

如上文所说，关键思维，即在处理问题，尤其是处理复杂问题时，能够快速地将纷繁复杂的表面现象归纳总结出结构清晰的事物特征，抓住问题关键的能力。

表面上看，拥有关键思维能力的人，一眼就能看出问题的关键点，直击要害，解决问题。但深层次的原因在于，有了对事物本质的深刻认知，才能够迅速地抓住关键。

我们结合一个例子来看这个过程是如何发生的：

第二次世界大战期间，同盟军为了避免派出的作战飞机被击落，需要在飞机上加装装甲。但装甲安多了，又会降低飞机的机动性，拉升成本。因此军方希望把装甲安在飞机最容易受到攻击的地方。

军方发现，每一架从战火中返航的轰炸机的机身，都会带着不少弹孔。有的部位中弹多，有的部位中弹少。比如，每平方英尺引擎上有 1.1 个弹孔，机身上有 1.73 个，其他部位有 1.8 个。

依照统计学的基本原理，要减少中弹，理应在弹孔密集处加装装甲，而不是那些弹孔稀疏的地方。但一个叫亚伯拉罕·沃尔德的工程师，经过长时间的思考和大量计算，得出一个异于常人的结论：加强装甲的地方应该是弹孔稀疏甚至没有弹孔的位置。他是糊涂了吗？飞机上弹孔稀少的地方明明被击中的概率更低啊？也太不符合常识了吧？

他的回答是：飞机上各部位中弹的概率是一样的，为什么只有没怎么被击中要害的飞机才能够成功返回基地、进入统计样本？因为那些被击中要害的飞机早已坠毁。

后来，空军工程师们根据沃尔德的建议迅速实施保护措施，飞机被击落的数量果然有所减少。而美国国防部有一个共识：如果被击落的飞机比对方少5%，消耗的油料低5%，步兵的给养多5%，而所付出的成本仅为对方的95%，就更有希望成为胜利的一方。工程师沃尔德的建议可以算得上同盟军取得胜利的关键一步。

为什么只有亚伯拉罕·沃尔德发现了这个问题？是他的专业技术、统计能力比别人强吗？显然不是，只是他深刻理解了这个研究的本质，从而找出了问题的关键。

让我们来进行详细的剖析：

1. 军方开展这项研究是在兼顾机动性、成本等条件下，合理地把装甲安在适当的位置。这样做的目的是什么？当然是为了最大化地提升飞机抵抗炮弹攻击的能力。那么，再进一步思考，提升飞机抵抗炮弹攻击能力又是为了什么？是为了在接受同等攻击的情况下，最大限度地减少人、财、物的损失，保存战斗力。所以，理解“最大限度减少损失、保存战斗力”才是理解这项研究的本质。

2. 然而军方的科学家们是怎么做的呢？他们研究返航的轰炸机，研究弹孔分布，试图巩固飞机最薄弱的地方。这么仔细一想，其实这一步并没有聚焦在“最大限度减少损失、保存战斗力”这一本质问题上，这些科学家们聚焦的是“最大限度减少存活下来飞机的损失、降低维修成本”。由于对本质问题理解的偏差，造成整个方向的错误。

3. 如果能够抓住本质，应该如何抓关键问题呢？要想“最大限度减少损失、保存战斗力”，首先保证飞行员能“生存”，按照重要性排序的话，应该是：保障飞行员存活，保障飞机返航，减少维修成本。所以，在“理解本质”的情况下，“关键问题”立马就清晰了，因此亚伯拉罕·沃尔德没有管那么多数据分析，而是聚焦在了那些不能返航的飞机上面，进而解决了问题；相反，错误地理解本质，就会像除了亚伯拉罕·沃尔德外的其他科学家一样，把排序靠后的“减少维修成本”当作伪关键问题放在了突出位置。

我们无从复原亚伯拉罕·沃尔德当时的思维，但可以确定的是，他一定是理解了本质，才能找到关键问题并忽略次要问题。

这种庖丁解牛般地了解事物本质和客观规律，从而找到关键问题直击要害的牛人比比皆是。当思维达到了这种层面，无论在哪个行业从事什么行当，都能以“上帝视角”看待整个事物的发展。

你可能已经在不少文章、图书里面看到这些名词：“底层思维”“底层逻辑”“回归常识”“第一性原理”……这些复杂的词汇和概念，总是会跟一些大人物的丰功伟绩、金玉良言结合在一起，它们被包装得高深莫测，让人敬畏莫名。其实这么多的概念、这么多的理论，核心只有一个：看透事物本质，聚焦关键问题。

章·十一

准确定义

如果不能简明地解释一件事，那么说明你对它的理解不够透彻。

——爱因斯坦

在这一章开始前，让我们先来做两个简单的小练习。

1. 请用200字给一个从未玩过《王者荣耀》的人讲明白这是一款什么样的游戏。

2. 请用200字给一个从未看过美剧《行尸走肉》的人讲述这部美剧。

不要只是闭上眼睛想象你的答案，如果可以，还是希望你将自己的答案写下来和我的答案做对比，我们将在下一节给出答案。

一句话定义《王者荣耀》

我们先来看看《王者荣耀》的练习，有人是这样解答的：

《王者荣耀》是一款推塔的手机游戏，敌我双方各有5个人，分上中下三路往前推，中间遭到塔的攻击等很多阻碍，哪一方率先推完对方的9个塔，并推掉对方的水晶，哪一方就获胜。

我们来分析一下这个答案：

1. 我在什么设备上玩的这款游戏，手机上还是电脑上？需要联网吗？
2. 作为推塔游戏，游戏本身带有建好的塔，还是游戏过程中双方先将塔建好再推？
3. 塔在游戏中重要吗？ 9个塔一定要全部推掉才能赢吗？不推塔能否推倒对方的水晶？
4. 游戏一定是5个人玩吗？ 5个人都是同样的角色吗？
5. 界面上的日之塔、王者大乱斗、契约之战和冒险模式算不算王者荣耀游戏模式的一种？我可以玩吗？
6. 这是你先走一回合，我再走一回合的回合制游戏吗？

……

对于新手玩家来说，在这个解答中还有很多问题没解释清楚，游戏中的细节和规则都是模糊不清的。显示了描述者自身对《王者荣耀》的理解不够透彻。现在，我们在解答上述问题的基础上重新进行梳理。

《王者荣耀》是腾讯公司开发的一款手机游戏。最主要的玩法是 5 对 5 即时对战。在一个地图上，两方玩家各自选择不同职业角色组成团队，队友协作以多样的战术进行团队战斗。首先推掉对方“水晶”的团队获胜。此外，还可以选择 1 对 1、多对多、人机对战以及其他闯关冒险模式进行比拼。

接下来，我们来看看关于《行尸走肉》这部美剧的描述。

这是一个 21 世纪初发生在美国的故事。主人公瑞克是亚特兰大城郊一座小镇的副警长。在执行公务的过程中，瑞克遭到枪击，伤势严重，被人紧急送往当地医院进行抢救。瑞克醒来后发现，世界已经僵尸蔓延、危机四伏。瑞克和兄弟肖恩一起，踏上了逃亡之旅，中间又发生了……

这个定义的问题在于，第一句“拎”得太高、“沉”不下去，后面又“放”得太低、事无巨细。而且第一句忘记考虑定义的语境。“21 世纪”“美国”统统正确，但这种毫无感情的新闻式写作手法，和你的描述对象之间又有什么关系呢？

我们将这段描述重新梳理一下。

《行尸走肉》是一个有关末世的故事。一种病毒在全球蔓延，人类中的大多数被病毒感染变成了僵尸，小部分残存下来的人和僵尸展开战斗，当他们渐渐在僵尸世界生存下来时，战斗演变成残存人和残存人之间善恶的斗争。

当你把这个美剧定义为“一个关于末世的故事”时，“末世”二字会将读者的注意力紧紧吸引住。读者被带到了特定的时间和空间里，想象出一幅困兽犹斗的画面，迅速进入故事情境中。

这是两个对事物下定义的练习，请大家做这两个练习的目的是什么呢？在上一章我们提到，要想正确、高效地处理事务，必须学会抓关键，抓关键的基础又在于是否具有看透事物本质的能力。

然而看透事物本质并不是一件容易的事，对于任何复杂的问题，如果不能用通俗易懂的语言，拨开迷雾穿透表象，对核心进行描述，则说明我们还没有掌握看透事物本质的能力。对于一个产品的定位或者营销策划来说，亦是如此。如果不能“用几句话说清产品或者让读者一听就感兴趣”，那这个产品的营销策略将以失败告终。

为什么下定义这么重要？想要锻炼看透事物本质的能力，最重要的是学会给事物精准地下定义。即使再复杂的事物，也是由一个个被定义的事物相互联系组成的。我们思考问题就是从将问题分解成几个最基本的要素开始，之后再逐一检查每个要素。即使问题已经得到解决，我们还是要从问题最基本的组成部分入手，重新审视是否有更好的解决方案。因此，我们必须要了解这些要素到底是什么意思。

我们和真实世界之间隔着一层由各种定义交织而成的玻璃。当所有的定义被打磨得越准确，这层玻璃就越透明。如果让一些错误的、过时的定义混淆视听，那层玻璃就会变成毛玻璃，愈发混沌和模糊不清。因此，在每次思考事物的本质前，我们都必须从头开始，检查事物的定义，这样才有可能抓住事物的本质，并把事物准确地描述清楚。本章内容将帮助你掌握下定义的方法。

重新学习定义

也许你还是觉得不可思议，下定义还需要学习吗？毕竟从小到大，我们都在上语文课，经常被训练概括中心思想、总结段落大意的能力。

在语文课上我们所研究的语言，根本上还是从考察读音、拼法、字词、文法和句子结构出发，更注重语言本身。即使你能做到妙语连珠、文通字顺，不代表你会下定义。对事物进行精准定义，首先要将字词与它们代表的事物正确地联系起来，其次还要对事物有深刻的理解，并精确地研究事物的本质。虽然看起来简单，但大多数人缺乏这种能力。

下面有一些关于下定义的例子，看看它们到底出了什么问题：

1. 你看到一本介绍哺乳动物的书籍，里面有在野外生长的狮子、大象、长颈鹿，但是没有牛、羊等家畜和人。难道牛、羊和人不是哺乳动物吗？所以准确来说，必须对这本书的内容再做一个限定——这是一本介绍野生哺乳动物的书。

2. 什么是共享经济？滴滴、优步、爱彼迎、共享篮球、共享雨伞、共享手机充电器这些新经济模式是共享经济吗？

关于共享经济我们来看看网上的定义。百度百科上说："共享经济是以获得一定报酬为主要目的，物品使用权暂时在陌生人之间转移的一种新的经济模式。其主体是线下的闲散物品、劳动力、教育医疗资源等。”想想看，百度百科这个定义准确吗？如果这个定义是准确的，那么共享和出租又有什么区别呢？

在笔者看来，所有的“共享”经济的基础，首先建立在大众的私有物品基础上；其次是大众之间互相交易使用的交易形式。也就是说，共享经济是大众的私有物品在某个平台上共享，达到资源利用的最大化。所以，只有优步（共享汽车）、爱彼迎（共享房子）这些算共享经济。所有权为某一家公司（共享单车、共享篮球等）的情况不过是商家披了个共享经济马甲的“短期租用”。商家购买了一批低价值产品分不同时段将物品租出去，或者虽然物品为大众个人所有，但物品价值太小、共享交易成本太高（如衣物等易耗品），这两种都不可能达到共享。

3.2019 年春节，某外卖平台搜集了骑手们最想对客户说的三句话，并将其发表在微博上。这三句话分别是：“请及时接电话。”“请把收餐地址写清楚。”“收餐时说声谢谢。”

没想到却在网上吵翻了天，有些人认为，骑手们想听到一声谢谢，那就说一句好了，代表基本的尊重。有些人则认为，我花钱买了服务，说谢谢是情分，不说是本分，你凭什么“想”让我说？这里根本的分歧其实在于到底将“想”这个字定义成什么。前一部分人理解的“想”是一种希望，后一部分人理解的“想”是一种要求或者说是要挟。

4. 王思聪和花千芳曾在微博上就“英语”展开过一次论战。花千芳认为，对于多数国人来说，英语没用，不仅浪费人力、财力，还牺牲了孩子的童年。为英语呐喊的人都是为了挣钱，减负应该把学英语减掉。王思聪则粗鲁地在微博上嘲笑了一番 2019 年还没有出过国的国人。

两人的根本分歧其实是对学英语的定义理解不同。花千芳认为英语只是一个工具，大众使用翻译工具就好，不需要花太多精力学习英语。王思聪理解的英语，不仅仅是英语这门语言，而是英语背后所代表的一整套文化体系。学习英语是融入以英语为主导的世界文化体系的必经之路。

总之，如果不会精准地对事物下定义，一定会影响我们考虑问题的思路，主要体现在以下三个方面：

首先，错误的定义会让我们在思考问题时遗留下盲点，影响创新。著名的市场营销专家、美国哈佛大学管理学院教授西奥多·莱维特曾经在1960年撰写的《营销近视症》一文中，分析了美国的铁路系统为何不如公路系统发达。因为美铁一直把自己定位为一家客运公司，从来没想过将自己定位为一家货运公司，这就导致大量货运项目流向公路，铁路长期得不到发展。

相反，正确而清晰的定义则会给创新带来无限可能。1995年，微软首席执行官比尔·盖茨写下了著名的“互联网浪潮”备忘录，要求公司全员将注意力转移到一家名为网景通讯（Netscape Communications）的浏览器公司。但实际上，微软当时做的并不是互联网，它主要瞄准的是PC操作系统市场，Windows和Office持续不断的销售额已经足以让比尔·盖茨躺在金钱上睡大觉了。

但比尔·盖茨没有安于现状，他开始思考有关互联网的定义：

“互联网可以成为一个发布内容的场所。获得的用户越多，带来的内容就越多，反过来会带动更多用户的加入。”

“每种在线服务都可以为互联网增加额外的价值……我们能做的是，使各项互联网服务非常非常便宜——甚至是免费的。”

正是因为对互联网做出了精准的定义，比尔·盖茨对当下的状况以及未来的趋势做出准确判断。微软公司未来的业务，都将围绕“all in 互联网”展开，这一决定几乎奠定了微软此后二十年的格局。

精准的定义还会对你的事业发展产生非常重要的影响。如果你是个新媒体创作者，建议你不要把自己定义为“写字的”，或者将自己的公众号仅仅定位为媒体。如果你愿意把自己定义为“内容供应商”，强调“生产”文字是为满足受众的需求，你的努力方向会更加精准。

其次，错误的定义会让你产生情感偏见、认知偏差。

在中国运营的欧洲的航空公司、酒店、超市，会把用户称为“客人”，但是一些本土垄断企业却将顾客定义为“纳税人”。仅仅是词汇的不同，都会让各自员工对待顾客的态度千差万别。那些拥有“客人”的公司往往在各个方面都会做得尽善尽美。

这就是语言的魅力，我们很难避免语言的使用对我们思维造成的影响。往往在我们定义了一个概念，或者给一个物品起好名字后，就会有一道语言屏障竖在我们和现实世界之间。比如说，你常用的电脑、手机、靠枕等，这些都是通用的名字，这些通用概念化的名字不会让你产生独特的感觉。但如果你试试，把你的电脑叫作吴大壮，把你的手机叫作张富贵，把你的 Hello Kitty 靠枕叫作李小花，一旦赋予了它们个性化风格的名字，仿佛就有了羁绊和生命，一下子就有了“世界上真有这么一个人”的感觉，这种“跟他们过日子”的感受是很独特的。

最后，错误定义会掩盖真正的问题。就像我们前面提到的那些披着“共享经济”外衣的“短期租用”，很轻易就能把迷恋新事物的年轻消费者带进沟里。

精准定义的两个技巧

如何加强自己精准定义的能力呢？日裔语言学家塞缪尔·早川的“抽象的阶梯”理论认为，我们得到知识的过程，是沿着抽象的阶梯拾级而上的过程。也就是我们的神经系统一级一级地自动抽取某一事物和别的事物在大小、功能、习性上的种种相似之处的过程。

举个例子，我们肉眼看见一头叫作阿花的母牛，“阿花”便是这个语言抽象阶梯上最低的一层。我们忽略它独有的特征，比如阿花身上有别的牛没有的小斑点、阿花的叫声更加尖锐等，然后把这头牛和阿黄、小花等母牛的共性抽象出“母牛”这个词汇，就能上一层阶梯。母牛又能与猪、鸡、羊一起抽象出更上一级的名词“家禽家畜”，家禽家畜又可以和房屋、庄稼抽象出“农庄资产”，还可以再抽象为“资产”。最后，当我们抽象出“财富”这个最高层级的名词时，与阿花的特性相关的词汇几乎没有了。

这是人类特有的能力，可以让我们获得哲学和科学上的见解，但机器完成不了这项任务。机器靠人类不断标记后产生的大数据来分辨物体，当它们分辨出“风衣”和“棉衣”的区别时，并不意味它知道衣服到底是什么东西。

了解了抽象的阶梯理论，我们就很容易发现，当我们无法精准定义时，可能是我们的抽象能力出了问题。我们总是困囿在高级抽象阶层，或者总是在低级抽象阶层中打转，不能游刃有余地在上下层级之间转换。

第一种情况，停留在高级抽象阶层。

比如下面这个例子，就是困在高级抽象层面，试图用一个抽象名词解释另一个抽象名词，结果完全令人不知所云。

“民主是什么意思？”
“民主就是维护公民权利。”
“权利又是什么意思？”
“权利就是老天赋予每个人的特权，也就是人类生来就有的特权，比如自由。”
“自由又是什么意思？”
“宗教自由和政治自由”
“那又是什么意思？”
“我们做事作风民主，就有宗教和政治上的自由。”

我们经常看到如下文字：

认真落实省委、省政府关于 ×× 的决策部署，进一步加强组织领导，明确责任分工，强化统筹协调，加快推进落实，确保高质量、高标准完成好各项工作任务，为推动政府转型、促进新旧动能转换提供有力支撑。

这种千篇一律的报告，几乎可以套在任何一个文件里，它们总是在字眼里兜圈子。真正有意义的是需要说清楚如何加强组织领导，有哪些责任，如何分工、如何协调，具体的抓手是什么。显然，撰写者自己也不知道。

另外一种情况，停滞在较低的抽象阶层。

有些人反复地讲述具体的小事，但永远不能从这些事情中，抽象出一个普遍的意义。描述事物时，讲来讲去都是“他说”“我说”“他说”“我说”“他说”，最终总结为“总之，我就是那么对他讲的。”

爱因斯坦曾说：“如果不能言简意赅地阐述，那说明你理解得不够深入。”

为什么在惜字如金的年代，《孙子兵法》《论语》《史记》等经典典籍魅力依旧，直至今日仍被传颂，而现世这样的书籍却很少出现？我们必须承认，十年前，短信一毛钱一条，电报一元钱一个字。千年前，竹简和绢帛更是天价，写点什么必须仔细琢磨一番。在表达上更加抽象凝练，反而更能抓住事物的本质，值得永世流传。

思维方式造成的定义不清应该如何解决呢？首先，我们对接触的任何事物，都不应认为本该如此、本是如此，而应该反复思考琢磨定义是否准确。其次，塞缪尔认为，如果可以养成一种沿着抽象阶梯向下降落到较低的抽象阶层的习惯，引用具体的实例，将更加容易判断定义是否准确。

例如，解释“建筑”这个高级抽象的词语，你在见识过像悉尼歌剧院、摩天大厦、你家的小区、同事的平房这样各式各样的建筑之后，找到它们之间有什么相同之处，将相同点抽离出来，才能说明建筑这个词的适用范围。在解释中国传统文化时，常见的词语也必须能够推演到抽象阶梯的下面各层级——京剧、武术、赛龙舟、书法等的详细情况，甚至更低一层级的笔、墨、纸、砚等。

此外，我们在下定义时，也要注意避免刻板印象和偏见。我们的语言习惯总是忍不住要往更高的抽象阶层走，从事实进展到推论，从推论进展到判断，将不同的阶层混杂，这很容易产生偏见，甚至会产生误区。

塞缪尔认为，我们可以通过抽象的阶梯留意定义被抽象化的过程，减少和摆脱对事物的偏见。因为，人们经常会将抽象层级混淆。

来看下面这个例子：

"今天用了点儿小张的洗衣粉，他居然跟我要钱。"
"真是小气啊。"
"他们上海人都那样，以后还是少跟上海人打交道。"

实际上，有大方的上海人，也有节省的上海人。小张被动地成为上海人的代表以后，从事实层面直接进展为主观判断层面，不同的阶层混杂在一起，自然会引发偏见。

例如这样的语言："张三在监狱里关了三年，刚被释放出来"和"张三曾是个犯人"这两种表述给人的心理冲击是不同的。前者较为客观，有解释的空间。比如，这个人被冤枉入狱，或者出狱后已经改过自新。后者抽象到了更高阶层，却隐含了这个人一定不是好人的判断，还含有预言这个人以后还有可能犯罪的意思。如果用后面这种方式描述这个人，在找工作时雇主很可能会放弃雇佣他，这个人说不定会因为找不到工作，对社会感到失望因而继续犯案。

我们都要尽可能避免"这是好的""那是坏的""他是个流氓""他胆大包天"这种粗暴的给事物贴标签的方式。这些表述不是精准的定义，容易使我们对事实做出误判，甚至会使我们根本看不清事物的本质。

写的东西没人读？来学学巴菲特

柏拉图在《泰阿泰德》中说："在一阵风吹来时，有些人冷，有些人不冷；因此对于这阵风，我们不能说它本身是冷的或是不冷的。"

在生活中，下定义并不是编著一本《辞海》，我们追求的不是大而全，而是把握事物的本质和特点，并不是说把事物所有属性悉数描述，就能解释清楚，更应该关注这个定义在特定的场域、对特定的人到底意味着什么。

举个例子，假如你问苹果的 Siri（苹果公司研发的智能语音助手）什么是洋葱，它会迅速回答：洋葱是百合科，葱属多年生草本植物。鳞茎粗大，近球状；纸质至薄革质，内皮肥厚，肉质，叶片圆筒状……这个定义的确囊括了洋葱的所有属性，对于植物学家可能有用，但对于烹饪师、园艺师或者仅仅去超市购物的人而言，这个回答和他们又有什么关系呢？

再比如对于汉族等东亚民族，龙是王者的象征，只有皇帝可以使用带有龙形图案的物品。但是在西方文化中，"dragon"是邪恶的象征，所以西方历史故事里有一大批屠龙英雄。

很多人都会阅读伯克希尔·哈撒韦公司董事长兼首席执行官巴菲特每年给大众写的公司年度公开信，为什么这封信能受到大众的欢迎？因为他在写公司年度公开信时，总是把读者想象成他的两个妹妹多丽丝和伯蒂。巴菲特的两个妹妹很聪明，但不是投资或金融领域的专家。于是，从这个角度出发，巴菲特写出来的年度公开信不仅信息充分，还易于阅读。

人们接受的教育水平不同、拥有的文化程度不同，因此，定义应该按照不同人能够理解的标准来捕捉事物在不同视角下的特性。否则，我们就无法在大脑中呈现这些被描述出来的实体，也就无法把握事物的本质。

仔细想想，为什么三种颜色的布缝到一块就变成了美国国旗；为什么一堆金子聚合在一起，就打造成了一枚金戒指；为什么一杯盛在聚苯乙烯泡沫塑料杯中的速溶咖啡和盛在精致瓷器中的意式咖啡在成分、焙制方式完全一样的情况下，人们却更加喜爱后者？因为定义对不同的人有着不同的意义。

除了教育水平和文化程度的不同，我们还要将不同人的利益和诉求作为前提加以考虑，从不同的角度出发，采取不同的行动。

来看对中产阶级、阿司匹林两个名词的剖析：

对中产阶级的定义：有些人从个人收入角度来衡量，认为在北上广年收入在20~50 万元的人可以定义为中产阶级；有些人从家庭总收入的角度来衡量，认为在北京、上海等一线城市，房子、车子、存款等固定资产加在一起达到 900 万元以上的才能算中产阶级。所以，我们会看到很多收入较高的人极力否认自己是中产阶级，因为他们觉得扣除住房、教育、医疗、养老支出后，自己与富足的标准相差甚远，生活建立在泥沙之上，脆弱不堪。

对阿司匹林的定义：在美国，有些州规定阿司匹林是药品，只能在正规药店购买；有些州则规定它是一种保健品，在商店、超市都可以买到。我们试图到字典上寻找它的真正属性，但无果而终。最终还是要依据患者希望在哪里、在什么情况下买到这种药品来决定它的销售渠道。

中国有句俗话“打雷听声，听话听音”也是这个意思。网络上曾流传这样一个段子：领导说让你看着办，不是不让你按照你的意思办。领导说再想想，不是他没想好，而是要你别再想了。领导征求你的意见，不是真的广开言路，而是在寻求同谋。领导表扬你，不仅仅是认可你干得好，还是在笼络人心。

虽然这只是网上流传的职场段子，但这也说明在职场上哪些话该听、哪些话不该听，哪些话听而取、哪些话听而不取，哪些话是忠言、哪些是媚言等都很重要，需要你听得进、听得懂、听得全。

总而言之，想要识别同一个词语在不同语境下的不同意义，一个重要的方法是要时时刻刻提醒自己，在与人交谈或参加辩论的过程中，努力站在他人的角度考虑问题，不断地问自己以下三个问题：

对方处于怎样文化背景之下？

对方的用词到底是什么意思？

对方说这个词、这句话背后有哪些利益诉求？（抓住“利益”这个关键点。谁获利、谁受损、如何获利、如何受损，搞清楚这四点，你就能搞清楚大部分问题的关键所在。）

有了这样的思考，你就掌握了事物本质的一半。我们还需要掌握一套重要的“溯因推理”方法论，也就是后文中提到的“苏格拉底助产术”。

苏格拉底助产术

公元前5世纪的雅典，生活着一位身体健壮、思维敏捷的大哲学家苏格拉底。为了探究哲学上的重要问题，他每天都在城中四处游逛，找人辩论。

他的辩论方法被称为“苏格拉底助产术”，这个方法直到现在依然被很多哲学家视为哲学领域内获取真理的基本方法。大致的过程如下：

苏格拉底：杀人这种行为是好事还是坏事？
学生：坏事。
苏格拉底：士兵在战场上英勇杀敌是好事还是坏事？
学生：……

假设苏格拉底生活在我们这个时代，他跟你探讨什么是“知识”。你尝试提出：“知识就是坚定的信念。”苏格拉底问你：“是否真的有信念坚定的人存在？”你觉得自己出了错，进一步思考并修正了论点：“知识不是坚定的信念，而是正确的信念。”苏格拉底继续问你：“要是你说的知识，也就是正确的信念，它的基础只是侥幸的预测呢？比如我，苏格拉底，让你猜测我的车子是什么牌子的，你猜是沃尔沃。即使你的猜测是正确的，你认为那是知识吗？”

由此可见，苏格拉底和人沟通的模式是完全顺着对方的想法一步步深入下去的。

通过不断的"质疑—解答—质疑—解答"的过程，不断试探、确认，进而彻底了解那些隐于表象的想法，也就是事物的定义、问题的本质，在我们陷入思维盲区时，这个思维方式尤其管用。

学会用苏格拉底助产术自我追问，不仅有助于自己理解基础定义，也适用于对阅读一本书、一篇深度文章的总结，更适用于对某个学科、行业和岗位的本质进行探索。

现在，让我们试着模拟一下 1995 年投身于互联网电商的马云和同事的对话，探寻其创立淘宝网的初衷。

问题一：中国商品流通的价钱太高了，能不能把流通成本再降下来一点儿呢？
回答一：不太可能吧。进场费、条码费、超市和商场利润、推广费，这些中间环节的成本都是必需的，不能再降低了。

问题二：要是我们把流通的环节砍掉一些呢？如果这些产品不进入超市，是不是就没有进场费、条码费和超市利润，可以节省一大笔费用？
回答二：不太可能，无论如何，商品必须要集中摆放在一个固定的实体空间售卖，因此这些费用都是没办法减免的。

问题三：为什么商品一定要摆放在一个实体空间呢？告诉客人有这件商品，然后从仓储地直接邮寄给他们不行吗？
回答三：也可以，但有一个问题，如果不摆放在一个实体空间，那么顾客怎么找到我们的产品呢？如何做打折促销等推广活动呢？

问题四：为什么不能试着把东西挂在网上，在网上做营销推广，让用户直接从网上下单呢？
回答四：虽然有规模、宣传、技术等一系列困难，但毕竟可以解决当下的最关键的问题——成本，看来可以试试。

下面，再举一个我碰到的实际例子：

我的一位朋友，2015 年，从传统的出版行业走出来后，赶着知识付费的热潮，融资成立了一家将近 40 人的主打知识付费的公司。几个月前，她邀请我去她的公司参观。沿着工位移动，她一一向我介绍："这里是内容部，这里是研发部，这里是新媒体部，这里是营销部，这里是设计部。其中，内容部是公司的核心部门，其他部门要配合内容部一起完成内容设计、运营、销售等环节的工作。"

我隐隐觉得流水线式的部门架构并不合理，便问朋友："如何考核你们的内容产品？"

朋友说："自然是市场说话、受众说话，产品卖得好就是质量好。"

我问："那如何判断卖得好是哪个部门的功劳呢？是课程内容设计有逻辑、有干货？还是设计部门制作的海报图有想法、有创意？还是运营部门的投放资源多、有重点？"

朋友很自信地说："这自然都是大家通力配合的结果，每一个部门都需要努力，我们缺一不可。"

"既然通力配合，也就意味着不需要考虑具体是哪个部门的功劳？"

"是的。"朋友的语气有点犹豫。

"如果产品经理这次的课程卖得好，下次生产的新产品时可以用最好的制图设计师、给最多的新媒体推广渠道和线上促销活动吗？

"当然可以。"

"如果每个课程都想要拿到最多的推广资源和设计方案，咱们内部却无法合理分配怎么办？"

"部门内部有自己的分配机制，解决不了的我也可以从中来协调，保证最好的产品拿到最好的资源。"

我继续问："无法具体判断产品卖得好到底是哪个部门的功劳，那又如何保证最好的资源给到最好的产品呢？假设一个产品的内容质量不够好，但因为流量给到位而卖得好，当你把运营资源再次向它倾斜时，不是对其他内容质量高、设计好的产品不公平吗？"

朋友似乎被我问住了。

显然，出版行业出身的她并没有把企业架构的本质梳理清楚。企业效率最大化的本质，是生产关系必须适应生产力发展需要。流水线式的部门划分方式更适用于成熟的企业。小型互联网创业公司，需要养成一支精干高效的队伍。

所以，我向朋友提议："现在和工业时代流水线作业不一样了，也不再是大规模集体化生产的时代了，面对日新月异的市场变化，你们必须有灵活的机制和配套的评价，激发员工主动、迅速应对市场的积极性，这才是根本。我觉得，你应该取消部门制，隶属于内容、市场、运营、产品、技术等不同的部门人员都要跨部门重组，成立以业务目标为导向的项目团队和队长负责制，让团队内合作、团队间竞争，让成绩好的团队拿到更多资源，让团队队长有权力进行分配。谁负责谁评价，谁了解情况谁评价，责、权、利相互统一，那么大家的工作效率就会大大提升，你也不用去考虑团队内部到底谁的功劳最大。甚至可以变为全员竞聘机制，建立各个岗位奖惩标准和出入办法，团队中队长、队员双向选择组建团队，进一步提升团队的凝聚力和灵活性。"

朋友先听从了我的第一个意见，取消了部门制，采用项目团队负责制。几个月后，她告诉我公司上线后的课程量几乎翻倍，而且质量也有很大提升，平均每款产品销售额是同期的 1.2 倍。整个单位的氛围积极向上，不再有原先推诿抱怨、互相排挤的是是非非，大家全都集中精力在事业上。这就是机制调整引发全局改变的力量。

因时因势而变，本质上还是要快速灵活应对市场。想清楚企业架构的本质，只要多问几个为什么，一步步推演，就能得到正确的答案。

行文至此，我们已经将下定义的几个基本方法跟大家进行了交流。思维的养成不会一蹴而就，我们平时可以多做像本节开篇给《王者荣耀》和《行尸走肉》下定义的小练习，对周边很多熟悉的事物多思考，或者在读书时写总结性的读书笔记，有效地训练自己精准定义、洞察本质的能力。

章·十二

洞察本质

行成于思，毁于随。

——韩愈

桥水基金的创始人瑞·达利欧在他撰写的《原则》这本畅销书中，把实现成功的过程分为五步。第一，设定目标；第二，发现通向目标的障碍；第三，诊断问题出处并制订解决方案；第四，列出解决问题的任务清单；第五，坚决执行任务。然后，对这五步不断迭代。

知名的麦肯锡公司也有解决问题的七个步骤：第一步，陈述问题；第二步，分析问题；第三步，优先排序；第四步，制订详细的工作计划；第五步，关键分析；第六步，综合分析调查结果；第七步，联系数据及论证讲故事。

每个个体都有属于自己的一套处事方式，但这些方式很可能是零散的、笼统的、未经总结的、不成体系的，不是每个人、每个公司都能像达利欧或者麦肯锡那样，有一套达成目标的具体技巧和方法。本章将提供一套具体的操作方法和技巧，帮助你看清事物的本质，抓住关键矛盾，更好地解决问题。

从源头思考

每天早上，我们从床上爬起来，快速赶赴办公室，开始应付 8 ~ 10 个小时高强度的工作。下班后去超市采购、做饭、放松一会儿再上床。每天的生活周而复始。原有的习惯、下意识的思维模式和最舒服的固定程序混合在生活的轨道中，不管通往什么方向，我们都会沿着它一直走下去。

学会一个新技能需要时间，但只要重复数次，某些动作下意识就能完成。系上几百次鞋带就可以不假思索地轻松完成，手机玩多了就会下意识地打开每天想看的 App……不假思索的生活能让我们更加放松，人们就可以腾出大脑来想更多的事情，应对外界更为复杂的变化。

但是，当生活中的一切都开始变得不假思索时，反而会弄巧成拙，一旦我们过度学习某种东西，就再也不能真正地理解它。

两条年轻的鱼遇到一条老鱼。老鱼打招呼道："早上好，孩子们。这水怎么样？"两条年轻的鱼没有回答继续游。终于，其中一条鱼忍不住问另外一条："什么是水？"

我们必须思考什么是"水"。正如日本著名的管理学者大前研一所说，科学的方法以最简单的方式来说，就是对于任何人所说的任何话，皆不抱着"就是这样"的想法。比如，如果有人对你说："天空是蓝色的。"如果你的反应是："是啊！

天空真蓝啊！”就是一种不假思索的认同。若你的回答是问“为什么？”，企图探求天空为什么是蓝色，这就是运用科学的方法。

因此，你可以通过苏格拉底助产术来做这样的思维训练。重新推演工作、生活中那些习以为常的各类小事。问问自己，这件事本该如此，还是可以变得更好？

我有一位非常“聪明”的朋友，每次碰到相似的问题，一般人会将以前的思路挪过来使用，而他却总是另辟蹊径，不仅眼光独到、直指要害，而且论述起问题来逻辑分明、极具说服力。经过他的点拨，我总会恍然大悟：“这么明显的问题，我之前怎么就没发现呢？”

后来我发现了他思考问题的模式：不套用任何现成的公式、模式，不认为任何事物理应如此，将所有问题都从源头思考，重新推演。

他是从数学学习中学到这种方法的。所有的小学数学课，老师都会先教数学公理，在公理基础上推演出公式，最后讲解如何套用公式。他注意到，大部分人认为如何套用公式才是关键，这导致他们对推导公式的过程并不在意。

因为不喜欢死记硬背，每次考试他都写满草稿纸来重新推演公式，速度自然比直接套用公式慢了一大截，经常还没做完题试卷就被收走了。

但这种做法的优势在初中时期凸显出来，虽然他做的题很少，没有采取什么题海战术，但每一次的重新解构、重新思考，反而让他加深了对基础概念及其相互关系的理解，更能直击问题本质，推演速度和解题速度越来越快。尽管他所就读的初中教学水平在北京几乎算得上倒数，他依然拿到了奥数竞赛的奖项，直接保送进入北京最好的高中，而这样的思维习惯一直保持至今。

虽然我们已经错过了从小训练的黄金时期，但现在重新开始训练也不晚，我们同样可以在生活、工作中，按照“提出假设—逻辑推理”的方式，还原各种问题，找到解决办法。

具体的做法可以参见大数学家乔治·波利亚的书《怎样解题》。乔治·波利亚是斯坦福大学的荣誉教授，成名之前曾经是一名数学老师，他在这本书里介绍怎样解数学题的方法，但其实这本书也适用于其他情境，能帮助读者解决各种人生中遇到的问题。解题的思路包括四个步骤：

第一步，彻底理解问题。也就是说，必须清楚地看到题目所要求的是什么。在这一步中，审题是非常关键的，要做到正确地理解问题的含义，可以把问题换成各种形式反复重新表达，但是无论怎么表达，都必须清晰地看到已知哪些条件？需要满足哪些条件？所要求的目标是什么？

第二步，获取解题思路。思路主要来源于你过往解决类似问题的经验和已经掌握的知识。回想自己有没有解决类似问题的经验？当时的做法是否适用于现在？需要调整哪些变量？如果还是找不到思路，可以试试改变这个问题的各个组件：已知、未知、条件，逐一替换，直到找到你曾经解决过的相似问题。

第三步，执行。这一步不用赘言，主要是提醒自己，每进行一个步骤，都要检查。

第四步，复盘。将问题解决后并不意味所有步骤都结束了，此时可以再检查一遍论证过程，看看有没有其他解决问题的办法，也可以看看，这次的解决方式能不能解决其他的问题，举一反三。

聪明的人都是相似的，不聪明的人却各有不同。我的朋友从来没有读过波利亚的书，但解题思路基本上是同样的。

我是在 30 多岁的时候才开始进行这项思维训练的，发现它很有效果。我不仅不再迷信专家学者的说法，也开始对一切“理应如此”充满怀疑，考虑问题时我会将所有的事物和自己关注的事物联系起来，喜欢追本溯源、推演的过程也更有条理。

这种思维方式与学历、年龄、经验无关，关键在于你愿不愿意去改变，跳出舒适圈，重新训练自己的思维，从源头做起。

我同样建议你通过这样的思维训练提升自己的工作能力。比如，很多人习惯对领导交办的任务直接领用、即刻执行，结果紧赶慢赶地做完，却被上司说“我要的不是这个”。如果不抱有本该如此的惯性，而是在行动前加入一个思考的步骤，结果会好得多。比如，拿到任务前，问自己几个问题：

1. 这项工作的核心是什么？（核心只能有一个，如果有很多，就找到最重要的那个。）

2. 这项工作的背景是什么？（谁提出？谁执行？谁评价？工作性质是什么？来龙去脉和历史原因都要考虑进来。）

3. 这项工作会涉及哪些人？各方的利益是什么？（领导希望通过这项工作达到什么目的？其他人呢？为什么交给你而不是其他人？你的优势是什么，有没有不可替代性？你在这项工作中能得到什么？它对你短期有什么好处？对你长期职业发展、最终目标的达成有什么帮助？你的上司和公司的利益可能完全不一致，做工作时到底要符合上司的利益，还是公司的利益？）

4. 哪些是导致这个工作出现问题的关键原因？哪些是次要原因？

5. 完成这项工作的核心方法是什么？（有哪些步骤？哪些因素可控？哪些因素不可控？有什么技巧可以让这项工作实现从“完成”到“完美”？）

6. 为完成这项工作，你还需要哪些资源和帮助？到哪里寻找这些帮助？如果无法得到这些资源和帮助，怎么解决？

7. 如何规划工作时间？

也许你以前总是习惯于头痛医头、脚痛医脚，出现问题总是用最常规的方案补救，等冒出一个由此衍生的新问题，再想办法把新窟窿补上，就好像那个“打地鼠”的游戏，按下葫芦起了瓢。但今后，你也许可以停下来，凡事都问个为什么，拿着自己思考出来的答案去实践。

哪怕你现在只是个外卖送餐员，你可以每天机械地往返于各个街道、写字楼之间，也可以自问：如何能够接到更多订单？如何规划线路可以更加高效？如何搜集、整合顾客信息？真有了送餐无人机，你有可能被替代吗？如果不做送餐业务了，以后这些经验能为你发挥什么作用？作为双脚踩在土地上的执行者，有时候可能比决策者更了解基础的情况。脑袋里随时绷着弦，而不仅仅重复无意义的劳动、疲于奔命，这样才能在机会来临时脱颖而出。

你好意思说自己懂调研吗

做了多年记者，我越来越觉得，想要获得对客观事物本质和规律的认识，必须学会正确调研。正确调研是我们抓住本质的重要环节。

正确调研不仅指在实验室分析数据，还有一项项辛苦的劳动——提需求、跑数据、打电话、跟人聊天、收集堆积成山的走访记录。这也是有一定技术含量的工作。有时候，哪怕少调查一位关键人物，少获取一个数据，变换一种调查方式，都会得出截然相反的结论。记者会因偷懒和不专业，产生大量偏执的报道；一家公司也会因为偷懒和不专业，出具错误的分析报告，造成严重后果。

我们都知道 7-11 便利店，如今它在全世界“遍地开花”。7-11 便利店的创始人铃木敏文，在《零售的哲学》一书中，介绍了自己的成功秘诀，调研便是其中之一。

有一次，他在试吃炒饭时，因感觉饭粒都黏在一起，口感不好，便立即要求下架全部炒饭。

铃木反复调查，通过回溯炒饭在制作中的每一个环节，终于发现在制作炒饭时，要想使米粒颗颗分明必须用猛火翻动中式炒菜锅，但由于现有的工厂无法提供这种设备和烹饪技术，完全达不到制作炒饭所需要的高温。

铃木马上要求负责人立即改良，在没有生产出地道炒饭前不允许新的炒饭上架。经过一年零八个月的努力，在厂商的配合下终于研发出新设备，改进了烹饪方法，使 7-11 推出了直到今天依然在热卖的炒饭。

之所以可以如此迅速地发现问题，并及时解决问题，在于 7-11 创立的 30 年中，铃木始终要求自己和公司其他高层一起每天中午亲自试吃 7-11 便利店中的食品。即使是周末，他也会带着试吃品回家跟太太和两个儿子分享。

“不断试吃，可以立刻发现商品的缺点，尽快改正。即使是畅销的产品，如果发现口味不对，也会立刻下架。目的就是通过董事长亲自试吃，让每一个员工都保持紧张，从而保持商品的品质。”他说。

做到这点其实非常不易，换位思考，如果你是一个事务繁忙的领导者，你能不能坚持日复一日地实地探访基层，而不是想起来才搞一阵风似的大抽查呢？

让我们来看看铃木敏文的另一个创举。以前，产品的配送都是生产厂商和一系列批发商各自为营。以牛奶为例，日本的牛奶品牌有全农、森永、明治等，虽然对于消费者而言属于同类产品，但必须由不同的公司单独配送，每天给同一家店铺送货的车辆多达 70 余辆。铃木敏文希望改变供应商的货物配送方式，实现生产厂家、供应商和 7-11 总部相互合作，统一配送、提升效率。

生产厂家对此十分抗拒，不愿意运送竞争对手的产品，斥责 7-11 不尊重其为建立品牌所付出的心血。“这种说辞表明他们的思维模式依然停留在卖方市场时代，以为只要把产品放上货架，自然不愁销路。”铃木说。

但铃木没有放弃。他留心到，供应商送货时一定会把冰柜里竞争对手的产品挪到后面，把自家品牌陈列在最显眼的位置，只想让顾客看到自己的产品，但这样一来反而不利于产品的售卖。

为此，他做了个改变陈列方式的决定：将各个品牌的同类产品摆在一排，让产品处于竞争状态，顾客也可以面对丰富的对象自主选择。面对竞争，厂家最终也同意采取统一配送的方式。

请注意，铃木之所以可以说服供应商，是因为他有创造性的思维方式，但最关键的一环还是调研。他不是天天坐在办公室里看数据分析报告，而是实地走访、细心观察，没有付出这些辛苦的劳动，他就无法发现供应商送货时的“小九九”，也就无法证实卖方市场的做法已经过时，买方市场的时代已经来临。

日本人几乎是全世界最善于做调研的人，我们前面曾提过的知名管理学家大前研一也是其中之一。他曾经说：“我从来没有一次是在企划室中研究数字之后就得出结论的。”我们接下来将剖析大前研一的案例，来看看他是如何进行具体的调研的。

假设，你现在接到公司任务，由于公司产品的中投率实在太低，需要你将产品的中投率从 20% 提高到 50%，你会怎么做？

大前研一在遇到这个问题时，没有依靠分析师或者智能分析工具。也不是让中层人员把所有产品的相关数据整理好，做出一份定量分析的调研报告。他采取了另外一种调研方式，在上面这个案例中，他做了以下几个动作：

1. 搜集并了解每一个地区、每一个业务员竞标时的得标率资料，以确定问题是否真的出在产品上。

2. 为避免听到一大堆交际辞令、借口、抱怨，他马上动身前往日本各地，找到前线业务员。

3. 将这些业务员的卖场按照大城市卖场、郊外卖场、乡村卖场等分区访谈，以排除因为环境因素导致的业绩差别。

4. 安排得标率高的、得标率低的、得标率中等的业务员分别坐在左中右侧，以三人一组的方式访谈，防止把业绩不好的业务员的借口当成真实声音，得出莫名其妙的结论。

5. 尽量亲自参加每一次的访谈，如果实在无法亲自前往，他会将访谈方法、步骤做成工作指南，交由其他工作人员执行。

6. 如果在实地访谈中发现问题，会坚持在第二天与业务员同行，并准备录音笔录下业务员和客户的对话，观察客户反应。他发现业绩不好的业务员原计划拜访 7 位客户，实际只拜访了 4 位，变着花样磨洋工。

通过这 6 个步骤他得出结论：是业务员不敬业导致产品得标率不高。

进而得出解决方案，解雇业绩排名在 100 名之后的业务员，取消固定薪资制，采用绩效奖金制度。

由此可见，大前研一关于调研的工作方法是：首先，搜集数据，判断问题到底出在哪个环节，清晰地定义问题。搞不清楚这一点，就不知道自己到底应该调研些什么。在这一阶段，如果发现是业务员的问题，则需要思考，业务员到底出了哪些问题，反映在哪些事情上。

之后，他再针对问题细节亲自走访，采集信息。在发现异常情况时，他会亲自跟进，同时还会将别人给出的信息和自己得到的信息进行比对，最后再得出如何去做的结论。

整整 6 个步骤！看似简单的调查研究，需要做这么多的工作。要想发现事物的本质，就要学会信息搜集，当信息搜集完毕，答案自然呼之欲出。

核心信息改变命运

这一节，我们要来探寻核心信息。探寻核心信息相当于把所有信息中最关键的信息甄别出来，并不等同于探寻本质，它是探寻事物本质的重要组成部分。

为什么核心信息这么重要？因为这些信息，将你与世界的当下与未来紧紧连成一条线。是否关注它们不仅关乎你能否接近真理，也关乎你在这一过程中是否能得到个人机会。

我们每天会接触大量信息，然而，接触信息不意味着接近真理。有句略有偏颇的话是："不在现场的你，对于一个人、一件事，乃至一个国家的好恶，100%取决于信息传播者的需要。"

2018 年 4 月，路透社播发了一组威廉王子的照片。第一张图显示的是威廉王子的侧脸，他竖起一个中指，看上去像剑桥公爵在公共场合对狗仔队做的不雅手势。转到第二张正面图，威廉王子其实竖起了三个手指，表示自己迎来了第三个孩子。差距这么大，只不过因为第一张图中王子的中指恰好挡住了另外两根手指。

即使不刻意对内容造假，新闻生产者本身的偏见也影响了报道的走向。作为一名曾经的新闻工作者，我必须告诉你，最有良知的记者，在实际操作中也会带有偏见。如果将事实简单分为正反两个方面，记者实际上有一种权力：往正面多一点儿，或往反面多一点儿。他们根本无法避免因个人价值观对某篇报道产生的影响。

我们只能秉持一种健康的怀疑态度，不轻易相信媒体和权威。花点儿时间对比一下你所听到的和你所知道的。此外，我们还要学会分辨哪些是重要信息。

即使当今世界上没什么值得关注的事，每天依然有那么多报纸、杂志、广播时段、自媒体需要新闻来填充。尽管编辑们花了精力帮你寻找哪些新闻更加重要或者算法已经嗅到了你对新闻的品位，但这些不是你将甄选信息的权力交由他人并盲目遵从的理由。

1992 年有很多新闻发生。欧洲联盟条约签署、俄罗斯国家元首首次访华、巴塞罗那举办奥运会、“九二共识”达成、《秋菊打官司》在北京首映……

但华西村的村主任吴仁宝在 1992 年 3 月 1 日凌晨 1 点，看到了邓小平南巡讲话的报道，嗅到了“中国即将迎来新的发展机遇”。

他召集村干部，找政府、找银行、找村民，下令动员一切资金，购进了近万吨钢坯、1000吨铝锭、700吨电解铜等原料。不久后，这批低价购入的原料价格暴涨，为村里节省了近亿元生产成本，加上良好的产品质量，使华西村一夜暴富。

以前有个说法，知识改变命运，其实后面这个更准确——核心信息改变命运。找到核心信息，不仅可以帮助我们发现投资机会、发现政策红利，甚至规避风险。虽然现在已经没有从前那样的大趋势、大风口，但是我们完全可以靠这些信息抓住一个个的小机会。

我有一位在互联网公司上班的技术员朋友，尽管 2018 年上半年各大互联网企业都在疯狂招聘，他却通过一些新闻和消息推断出互联网红利期已过，在 2018 年年中果断跳槽到一家大型国企从事行业大数据分析，这才不至于在年底成为大批被裁撤员工中的一员。

判断信息是否重要，靠的是一个人的眼界、交际和知识底蕴，还有一些不那么规范的方法，比如，多问自己几个问题：

这条推送信息算得上头条吗？它对人们的影响到底有多大？

这条信息为何会在这一时间报道？有什么特殊的缘由吗？

这条信息是观点还是事实？如果仅将事实抽离出来，它说明了一件什么事呢？

这条信息中的数字是否准确？能说明哪些问题？它说明的问题和新闻得出的结论是否一致？

这条信息与我所了解的其他事件有哪些联系？

这条信息的创作者有哪些目的？

……

不过，即使我共享出来甄别核心信息最有效的思路，这个时代最可能导致你陷入风险的，并不是你没有甄别信息的技能，而是你放弃探索核心信息的努力。

新的互联网产品无一不是在努力吸引用户的注意力，为此它们设计出短时间给你的脑子带来即时反馈和即时刺激的功能。抖音单薄而动感的画面和音乐，每十几秒换一次，你脑子里的多巴胺就随之十几秒分泌一次，你只能被动接纳海量的信息碎片。

请记住：丧失探索核心信息的能力等于失去命运。

站在更高一层看问题

很多人都会下象棋。

笔者是个很烂的棋手。小时候经常输给一位老朋友，后来我发现，我不擅长下棋的根本原因并非我不努力，而是对手总能看到后面三步棋的走法，而我只会见招拆招，能看到后面两步棋的走法就已经谢天谢地。

显然，我的对手已经掌握了一种模式，并上升到了一个更高的层次，因此对我有了准确的预测和拿捏。也许在他的眼里，我就像一只可以随时被蹂躏的蚂蚁，他完全知道我的一举一动。

一盘棋局、一场运动、一类产品、一种人性，任何纷繁芜杂的事物，都有其背后的本质。而在这个本质的背后，有着更大的本质——它蕴含着某一类问题的核心。

物理学家张首晟曾经讲过英国理论物理学家保罗·狄拉克对他的影响，狄拉克的老师让他开根号 9，他的答案是 3，老师说还有 -3。开根号时有一个正根、一个负根，狄拉克觉得这个事挺奇特。

后来当狄拉克将量子力学和相对论相结合时，记起了这个开根号的事情，就将之推而广之。他预言，宇宙里所有的基本粒子，都有一个相反的存在，比如有电子就有反电子。后来狄克拉获得了诺贝尔物理学奖。

张首晟很喜欢这个故事，因为它讲述了大道至简的思维方式。某一个公式（比如 $E=mc^2$）、某一个道理，很可能可以把万事万物都联通起来。尽管科学充满局限，但他认为一定存在更高一层的原理，那更高一层的原理一定可以将主观与客观在另一更完善的法则之下统一起来。换句话说，每件事背后都有本质，而本质后面又蕴含着更高一层的原理、模式。

我绝对相信高等级原理、模式的存在，当然，那绝非可以凭借笔者一己之力就可以探究出来的。我想说的是，人类最可贵的优势，不仅是学习零零散散、枝枝蔓蔓的知识、技巧，还要能总结出这些知识、技巧的背后所体现的素养、能力，进而追求更高等级的原理、模式。

比如，我们从小学习各种学科，掌握了好多公式、定理，但总在抱怨所学无用。因为大部分人学到的是知识，而不是思维方式。还有，那些高学历的毕业生，我承认他们都学会了很多知识，也掌握了这些知识的本质，但是，他们是否在研究中掌握了批判思维、逻辑思维、实证精神、信息处理能力？这些都是更高级别的模式，或者说，本质背后的本质。掌握这些本质，仅靠认真和努力是不够的，重要的是用心观察、反复揣摩。

同时，你必须在自己年轻或者不再年轻的人生岁月里，在内心深处，一步一步地将所有的经验、技巧、知识结合，建构起一个基本的思维框架，并衍化出一个能够决定自己行为的方法论。在每次接纳到最新的信息后，利用自己的认知能力的优势，在已有知识框架内重新调节和评估，是否将新的知识融入已有的知识体系，这是我们下一章要讲述的内容。

章·十三

可迁移思维

举一隅，不以三隅反，则不复也。

——孔子

你能发现如下 8 种职业之间有什么共性吗？

直播网站主播
新媒体主编
电子竞技运营师 / 员
无人机驾驶员
收纳师
云计算软件工程师
大数据工程师
产品经理

它们的共同点是，这 8 种职业在 10 年前根本不存在。想象一下，如果你有机会穿越到过去，掌握这些技能，然后静待风口出现，那么成为这些领域的顶尖人才，并且实现财务自由并非难事。

穿越回去当然不太可能，那么能不能预知未来，提前知道学习什么技能可以让自己在未来 20 年里立于不败之地呢？如果有人告诉你他知道哪个行业一定会让你飞黄腾达，那多半是个骗子。

当然，这并不是说未来无法捉摸、不可把握，至少我们还可以问一问自己，现在应该培养哪些能力，可以在未来获得回报呢？

答案是，迁移能力。

什么是迁移能力？

一个人在从事任何行业时，如果经常能在这个行业中掌握发现问题的方法，拥有解决问题的模式，同时还善于将这种方法、模式应用于其他领域的其他岗位中，我们就说这个人拥有迁移能力。

这种能力是指从一个岗位转到另一个岗位，或从一个行业跨到另一个行业后可复用的能力。这一章，我们就重点讲讲什么是迁移能力，为什么我们如此需要它。

从零售经理到互联网产品设计

你本来是一个零售店铺经理，在自己的岗位上干得井井有条，假设领导让你去负责互联网 App 产品的设计。你是否会想，怎么可能呢？这两个领域八竿子打不着！

当然可能，在我身边就有零售店铺主管创业去做办公软件的，还做得风生水起。

我们来思考一下两项工作的内在逻辑。一个零售店铺的结构是怎样的？前面有面向顾客的陈列橱窗和灵活的货品展架；后面是存放货物的仓库，严格按照品类顺序排列。

前面展示给用户的展架，一定是按照用户浏览偏好精心设计过的，有利于激发用户购买欲望。但更为关键的工作在后面，后面的仓库需要先行把关，要确认“哪些货品应该进”“哪些货品不应该进”“每种货物需要进多少才能保证货源充足又不浪费”“哪些货物可以组合到一起”。这就是后台有效支撑前台的学问。

如果你了解了这项工作的本质，会发现产品零售和做软件设计没什么区别。零售店铺前台的工作主要为用户服务，后台的工作则要以最高效的方式支撑前台服务。而在设计软件时，也会用到“前端”“后端”这样的词汇沟通，负责前端开发的工程师更靠近 UI 层（用户界面层），他们的目标是让用户在使用软件时更加便捷，而负责后端开发的工程师更靠近数据层，他们负责搭建产品的钢筋骨架。

所以，即使从没学过计算机程序和语言，只要拥有一定的逻辑思维、设计能力、统筹能力，这件事你就能管得八九不离十。这就是本章重点要介绍的迁移思维。

从 2018 年下半年到今天，我们见证了很多公司倒闭、破产、裁员。有些公司是因为经营不善，更多的则是因为时代的变化太快，他们生产的产品、提供的服务跟不上时代发展，逐渐被新的产品、消费模式取代。

就算你笃信，几年内你的行业不会被颠覆，但一个人从20多岁跨入社会，到60多岁才能退休。这40年里，你能确保自己一定不会经历几次行业的重新洗牌吗？

我们不可能像先知一样，知道未来的发展趋势和行业前景，但如果拥有迁移能力，学习过的技能可以通过新的方式重新组合，你也就可以快速应对新知识和新领域。否则，当你所从事的领域被淘汰时，你需要更多的时间来改变自己以应对变化，甚至可能要从头开始。

即使你足够幸运，可以一辈子只从事一个行业，但随着职位上升，管理职能加强，专业背景也会逐渐被淡化，对管理技能的要求逐渐提升，有限的专业技能只会让你更快地从职场中出局，唯有经过自身思考得到的迁移技能可以让你立于不败之地。

迁移能力必须成为你最重要的核心竞争力。你当老师对教学工作顺手拈来，那你能否将当老师的本事迁移到做销售工作呢？你做记者得心应手，那你能否将做记者的本事拿来做知识付费呢？你能管理一个家具厂家，你能管一个销售水果的电商吗？当职业领域发生跨越你能迅速上岗吗？当业务形态发生变化你还能应付得了吗？这个世界变化速度太快，你必须能够“执一御万”。

为什么拒绝有 5 年工作经验的姑娘

几年前，我负责招聘新媒体编辑，公司提出的要求之一是至少有 3 年以上从业经验，一个来应聘的女孩有 5 年内刊编辑的从业经验，同时也有着不错的文字功底，但我还是把她拒绝了。

难道我非要找个做过新媒体工作的人吗？当然不是。没有选择她，是因为我在面试过程中，没有发现她对原有工作的思考，以及对自己工作规律性的总结和创造性的意见。那么，对于我来说，她是有 5 年工作经历，但没有掌握可迁移的能力，也就是说，她这个有经验的人，对我目前要开展的工作毫无迁移价值。

比如，我问她："你上份工作的主要内容是什么？"

她回答说："我们是内部周刊，每周一到单位开选题会，讨论上周公司都发生了哪些大事，确定选题。周二开始联系采访对象、查找背景资料、撰写稿件，找公司优秀员工约稿。周四定稿、周五审校，稿件周五下午交付印厂。"

我紧接着追问："内刊新闻还是相对来说比较枯燥的，在这个过程中，你曾经做过哪些努力让员工们喜欢这本内刊？"

她回答："企业新闻的枯燥是没法避免的，我只能尽可能把语言变得生动活泼一些，让同事们的接受度更高一些。我们杂志有一个员工风采栏目，采访企业内部的优秀员工了解他们的优秀事迹，因为都是身边人的身边事，所以很受欢迎，可能是对我写作水平的认可吧，领导主要指派我来撰写这个栏目。此外，我还会尽最大的努力和设计师反复沟通，让版式变得更加漂亮，那同事们自然会喜欢读。”

是的，我对这个回答并不满意。她说得太细碎，缺乏对这份工作的整体思考，没有从这份工作中总结出任何的工作方法。在这个问题中，我更希望听到这样的答案，比如，她曾经思考过是不是企业内刊就是无法像大众刊物那么受欢迎；她曾经设计过一套问卷用来调研同事们最喜欢的文章和栏目；她曾经权衡过领导的意图和员工的满意哪个更加重要，并如何在其中寻求平衡。

调研和分析、竞争意识、目标导向、受众导向等职场上的普适能力和原则是我最希望从她身上看到的，它们几乎可以被迁移到任何工作中，但在这个女孩身上全都没有展现出来。上一份工作，她完全陷于具体事务中，所谓的 5 年工作经验，不过是日复一日地执行领导意图、重复编辑流程。

其实，我们每个人都经历过招聘，看过很多的职位描述。不知道你有没有想过，很多招聘广告，尤其是高管招聘，都对工作年限有要求是为什么？

表面上企业要求的是工作年限，是你在某个岗位上工作了多长时间，实际上企业问的是：你从以往工作中，学到的可迁移技能是什么？你以前干的活，到底能有多少东西，能拿来在我这里使用？

如果你以为企业只不过是需要资历久的员工，兴冲冲地投了简历，结局恐怕会令你失望。企业不是傻子，在你没有经过自己的思考，没有形成迁移技能之前，工作年限越长反而会成为你的劣势。因为你已经形成了某一个行业的思维定式，换一个行业，反而不像经验少的人那么容易适应。

日本著名管理学家大前研一，从美国麻省理工学院博士班毕业后，进入日立集团的核能开发部炉心设计科，成为一名工程师。当他知道在日立无法实现“要制造由日本人设计的原子炉”的梦想时，不得不选择离开。在一个机缘巧合下，他进入了自己一无所知的麦肯锡公司做经营管理顾问。

什么是经营管理顾问？通俗来说，就是给企业的领导者提建议的人，他们帮助领导者们尽快了解公司的内外环境，同时帮助他们决定公司作何种变革和怎样变革。

表面上看，一个是理工科类的工作，一个是文科类的工作，两种工作完全搭不上关系，但大前研一却发现，做经营分析和进行科学研究没什么两样，都是遵循着一种模式：先分析客户反馈的数据、业界的数据，做成图表、提出假设，然后再搜集并分析可以让自己的假设成立的证据等。有了这样的一套分析问题、解决问题的思维方式，在哪个领域都可以自如应对。

懂得灵活运用科学思维考虑经营模式的大前研一，不仅为许多行业、领域的企业提出了创新性的意见，而且还相当善于提出相应的组织观念去实现这些意见。在分析了几千个案例后，他制定了标准的工作流程，并出版了畅销书籍《企业参谋》，到麦肯锡在世界各地的事务所做巡回演讲，而这一切仅仅发生在他麦肯锡工作生涯的前 3 年。

说说我最熟悉的新闻行业。一直以来，新闻工作都被认为特别好上手。我在大学念新闻专业时就有“新闻无学”的说法。大家都认为，做好新闻工作需要的技能太简单了，哪有法律、金融、计算机那么高深。好像只要有一定的写作基础，懂得和人交流，简短培训下就可以上岗，根本不需要专门开设一个专业！我的同学们也都因此调侃：“打死不劝后辈学新闻。”

而现在，我的看法已经完全改观。我那些从事新闻行业多年的同事，磕磕绊绊在新闻行业工作一段时间后，专业优势逐渐凸显。特别在转行时，不仅非常好找工作，而且涉猎的领域都相当广泛，有从事公关的，有从政的，有干金融的，有从事互联网的，有创业的，甚至还有去做编程的。为什么呢？

因为优秀者从记者这个行业里，可以学到的迁移思维实在太多。我举个例子：作为记者，需要对每天发生的各种大事及其走向有一个基本的判断。报道哪些、不报道哪些、选择哪些素材，这涉及的是从复杂事件中抽丝剥茧的能力。需要对数据保持敏感，想方设法获取可靠、关键的数据，并对数据进行解读，这涉及数据素养。需要把零碎的材料组织成符合阅读习惯和逻辑的文章，这涉及逻辑基础。需要脑袋里时刻装着问题，敏锐地发现社会生活中的新变化、新动向，这涉及问题意识。而且，记者需要得到采访对象的信任，愿意说出自己的故事，这又涉及共情思维。总之，随着记者们多年来对这些问题的切磋琢磨，久而久之，他们不需要学习任何新知识，就能让自己成为可以踏入其他行业的人。

当我们说迁移时我们在说些什么

很多互联网公司都会设置产品经理、产品运营、产品营销这三个岗位。三个岗位分别有着不同的职责，产品经理的核心工作是把用户满意的产品做出来。产品运营的核心工作是帮助产品进行推广，促使用户了解并使用，提高用户认知。产品营销的核心工作是通过广告、宣传等活动，打造产品的品牌。三种工作的工作技能有很大差异，如果转岗，这方面的经验几乎都要重新学习，令很多人望而却步。

然而，透过表象看这几个行业对人的职业素养要求，你就会发现这几个岗位之间需要的核心能力是重叠的。比如洞察需求的能力、将需求产品化的能力以及文案输出能力。

从更深的角度看，上面这几个能力不仅仅是互联网行业的要求，而是各行各业的要求，是一种一以贯之的能力。看清楚你的服务对象是谁，是对上还是对下，对领导负责还是对市场负责。想明白对你的评价机制是什么。换句话说，判断你干得好、干得差的标准是什么。最后，再琢磨如何把这些需求吃透、如何进一步将需求用某种方式展示出来，让服务对象满意。以上这些，完全是“需求决定一切”在互联网行业的运用。将以上几个能力培养得当，再加一点责任感，你就能把这几份工作做好。

相比较而言，一些具体的技能——撰写需求文档、优化页面文案、提炼广告语、分析数据、策划活动等不是决定这份工作是否做得好的关键能力，相对来说都比较好上手，而且也都可以在实践中慢慢习得。

明白了这一点，你就会明白，为什么很多领导都是跨专业的。他们都是从农、林、牧、副、渔等基层的某一行业爬上来的，最终他们能外行领导内行，在专业看似八竿子打不着的岗位任职，不是因为他们对新领域的专业知识多么了解，而是他们看透无差别的各类工作对职业人的统一标准要求，从而能驾驭各个专业。

关于跨行业当领导这件事，没有人比美国人罗纳德·里根干得更溜了。没错，就是那个我们都知道的美国前总统里根，你可能不知道，早先他其实是一名演员，有 20 年的从影生涯，演过 50 多部电影。

在 70 岁时，他不仅成为美国历史上第四十任总统，而且在总统这个职位上，他纵横捭阖，相当出色。有调查表明，里根是 20 世纪最受共和党人推崇的美国总统，1989 年离任时他的民意支持率高达 63%，是继富兰克林·罗斯福 1945 年去世以来的最高纪录。

美国人民为什么能容忍一个演员来领导国家？有人从多角度解读了这一事件，但不可否认的是，演艺生涯练就的镜头感和影响力、超高的讲故事能力，都正好为里根日后的竞选和从政打下基础。要知道，里根在当体育播音员时，曾经在一场比赛现场直播断线的情况下，靠自己的想象力胡乱解说了近 20 分钟，而听众则毫不知情，这对里根的竞选起到了功不可没的作用。

除此之外，里根还具备一个重要的思维品质，贯穿了他的总统生涯，那就是信任同伴，让专业的人做专业的事，且总是能听取最正确的建议。当总统时，他十分倚重手下团队，将大部分权责下放，自己只定重大主题，作重大决策，避免事必躬亲。因此，两届总统任期，他都十分轻松，朝九晚五，他有 183 个周末都是在总统度假地戴维营度过的，还有 34 天是在圣塔芭芭拉农庄度过的。

学会放手是早在他还是演员时就已经培养出来的品质。里根知道自己更擅长的是演戏，因此在拍戏过程中，他只专心考虑表演，而其他工作则交给更专业的导演或制作人去做，不会横加干涉。

选择性地抓重要的事，对琐事放手，是一种最重要的思维方式，要做到这一点其实并不容易。对于那些基础性的知识，比如国家政策、法律、历史、经济等，里根都知之甚少也没有去深入学习。美国外交家基辛格评价里根："因为几乎对历史一无所知，而他所知道的一小部分，也被他东挪西借，来支持他坚定的偏见。他把《圣经》中提到的善恶大决斗，认为是对当今世界的预言。他所爱引用的许多历史轶事，跟常人所知的事实完全不符合。"

里根的每一个决策，也许没有任何专业背景支撑，却透露了无数的社会经验、阅历和认知。这也从某个角度说明，迁移技能中迁移的绝不是知识、经验，它指的主要是方法、思维。

笔者在与教育学专业的老师聊天时发现，在博士阶段，无论是金融、经济、法律还是心理学专业，导师招生时总希望招几个有数学专业背景的学生。为什么数学这么吃香？因为上述学科到了最深层次后，制约学生发展的不仅是专业知识了，还有数学建模的思维。

就像两个武功高强的人对打，最后拼的不是招式，而是内功，所以导师必须让自己的团队里有这么几个内功高的人。这就是跨专业领域的思维模式在发挥作用。

如果你能够在所学习的、所工作的具体事务、具体知识中发现本质，学习到核心素养、核心思维、核心技能，就像别人做数学习题，你看到的是逻辑能力、数据分析能力；别人背化学周期表，你看到的是宏观辨识与微观探析；别人背历史年代，你看到实证精神和时空观念；别人背政治意识形态，你看到理性思维和制度建设。

那么你必然会高人一等，因为知识不能迁移，但思维、方法可以迁移。迁移能力是永远不会被机器代替、不会被科技发展淘汰的核心技能。

总而言之，想在任何行业脱颖而出，都需要我们先要看透具体知识技能之外，你所处的行业的本质是什么，所提供的核心价值是什么；再分析行业中哪种能力最稀缺、最有价值，哪些在行业内部或别的行业也能适用；最后有意识地对此培养、训练。这样即使你没有强大的专业背景支撑，也能在新的行业里游刃有余。

为什么我们不善于迁移

为什么大多数人不善迁移？要回答这个问题，首先来了解一下美国两个经典的知识迁移实验。在实验中，大学生被要求回答以下问题：

假设你是一个医生，你的病人胃里长了恶性肿瘤。有一种特殊的射线可以杀灭癌细胞。如果想把肿瘤一次性去除，使用的射线强度会过大，病人未病变的器官也会受到影响。射线强度低了，又无法杀灭全部的癌细胞。怎样在杀灭癌细胞的同时保护正常器官？

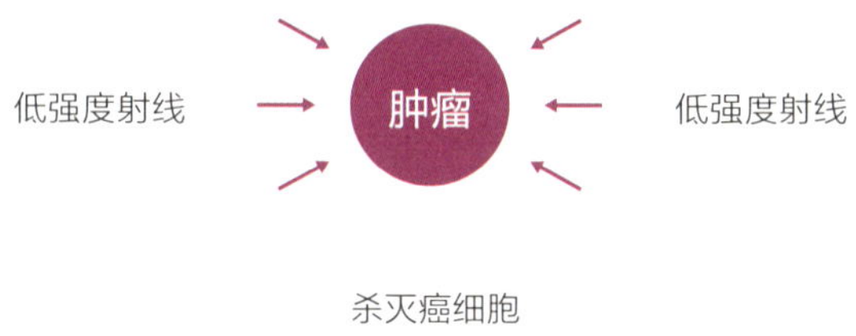

大多数学生都无法解答这道题，这时，实验者会告诉他们：将几束低强度射线从不同角度聚焦在肿瘤上，这样，正常器官就不受影响，但低强度射线的累积足以杀灭癌细胞。实验者确定被试者理解了答案后，再给他们看如下问题：

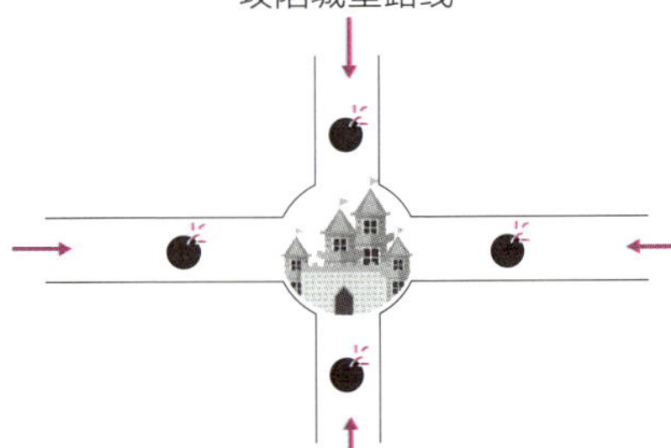

一个小国家的独裁皇帝住在城堡里。城堡在国家的中心位置，有很多条道路呈辐射状向外延伸。一个正直的将军计划攻陷城堡，解放民众。将军知道如果他集中全部兵力进攻，一次就可以攻下城堡。但线人说皇帝在每条路上都埋了地雷，如果通过的人数少，地雷不会引爆，因为皇帝还有亲信需要出入城堡；但如果通过的人数量多了，地雷就会爆炸，这不仅会破坏道路，还会摧毁附近的村庄。将军应该如何进攻呢？

这个问题和癌症题目有着相同的深层结构：如果人数太多会带来巨大损失，可以分散兵力从各个方向进攻。但只有 30% 的被试者答对了第二题，尽管他们刚刚看到一个大同小异的问题和答案。

那么，为什么迁移这么难？我将试着从内部和外部两个层面来解答。

外部原因：没有可借鉴学习的经验

早在古希腊时期，人们就注意到了迁移思维。希腊人创造了包括语法、修辞、逻辑、算术、几何、音乐和天文在内的“自由七艺”。他们认为，这七门课程的素养是通用的，只要训练好这七门技艺，在其他领域也会取得好的成绩。比如，学习算术可以用于军事和贸易计算，几何用于农田测绘、土地分割，逻辑可以用在演讲和辩论技巧中——作为古希腊民主政体下说服别人相信自己的政见并将之付诸实施的重要方法之一。

之后数百年，认知心理学家一直在探讨迁移发生的条件和机制，发展出图式理论、共同要素理论和元认知理论等迁移理论。但这些研究都没有引起足够的重视，也就没有得到广泛运用。

然而，随着时代的发展，当就业市场突然以前所未有的速度改头换面，旧的工作方式被淘汰，新的工作机会在诞生，职业转换速度加快。人们发现，该学的技能太多，两只眼睛、两只耳朵已经不够用了。有限时间内，最有效率的手段，就是打破专业壁垒，练就跨行业间可复用的核心技能，但因为一切都来得太快，关于迁移思维，学界没有酝酿出坚实的理论学说，也没有总结出好的训练方法。

人们对迁移思维从来没有如此渴求过。但大多数场合，迁移能力被简化为适用于工作的 10 条、12 条通用技巧，如谈判技巧、演讲技巧等。但其实这些都是一些相当具体的基础工作方法，偏重于“术”，通过培训就能获得，还算不上一种看待问题的思维方式。此前由于尚无太多人关注，迁移能力的方法论主要靠个人去悟、去试、去总结，将其传播和传承变得极为困难。

本书中的后面两个章节，将会通过一套训练方法的讲解，帮助大家在意识、能力方面培养一种可迁移的思维方式。

内部原因一：对事物内在本质和逻辑的理解不到位

美国知名教育学家丹尼尔·T·威林厄姆认为，从意识层面来看，不善迁移首先是因为大多数人对知识只有表面理解。即使他对某一知识说“懂了”，也可能只是得到了机械知识，或者说，对这个问题理解得非常浅显。

换句话说，之所以人们不善于迁移，是由于人们对事物内在的本质和逻辑理解不到位。

举个例子，你是一位老师，准备向一年级学生介绍规则的作用：一群在一起工作和生活的人，通过设定的规则让解决问题变得更简单。你以他们最熟悉的课堂和家庭来举例，告诉学生更多人在一起时还需要其他的规则。你的计划是让学生列出课堂上要遵守的一些规则，然后想想为什么需要遵守这些规则，然后在你的鼓励下让学生们说出课堂和家之外的一些规则。你希望学生意识到在家庭、课堂甚至更大的团体中，规则都发挥着类似的作用。

机械掌握知识的学生可能会在总结时说："政府就像课堂，它们都有规则。"这个学生不一定真的理解了两个团体存在的共同点。他只是机械地认为两个团体都是由一群需要规则才能正常工作的人组成。他无法真正理解规则的意义，因此，他也就无法理解朋友临时凑在一起玩篮球时也有必要设立规则。

回到肿瘤、城堡实验，当实验人员告诉学生们问题的答案，学生们以为将答案机械地记住就已经够了，没有去有意识地深挖、提取问题本质，自然他们无法将这个题目的解题方法运用到攻城问题上。

内部原因二：划分专业和学科带来的思维限制

另外一个让人们感到迁移困难的原因，在于划分专业和学科对于人们思维的限制。

知识一直以来都被划分为数学、文学、历史、科学等不同学科。但是，人类原本是从整体上认识世界，没有将知识划分领域和界限，因此学科并不是天生就有的。

然而，随着人类发展，知识积累得越来越多，要想传承发展，必须更加精细化、专业化，这才产生了学科。随着人类认识的不断进步，专业的划分也越来越细，这样做的好处显而易见。世界太大，知识太多，如果每个人知识背景接近，采用相同的术语，知识会变得易于学习、研究、传播。

但学科划分方式并不一定是精确的。举个例子，社会上把写公文、写小说、写诗歌的技能统称为写作能力，认为这种能力都属于文学学科的学习范畴，可以在文学学科下统一培养。殊不知，这完全是一种人为划分的方式，写作能力杂糅了人类各种不同的能力，代表了人类多种能力的跨界。

写作时，有些人靠的是想象力和灵感，比如屈原和李白。有些人靠的是逻辑和观点，比如毛泽东和钱穆。有人擅长讲述跌宕起伏的故事，比如东野圭吾。不排除想象力、创造力、逻辑力等都擅长的作者存在，但很多大师级的作家是无法跨领域写作的，你让鲁迅去写风花雪月的诗歌就是强人所难，钱穆也写不出“飞流直下三千尺，疑是银河落九天”。但是很多人被学科的划分禁锢了头脑，所以你会经常看到奇怪的事情发生：在大城市给电视剧写剧本的编剧被老家的同学邀请写一份《旅游局规划方案》。老家同学并不知道，编剧之所以拒绝他，不是不愿意帮他写，而是因为他虽然善于用想象力书写天马行空的戏剧，但对编写充满逻辑的城市规划一窍不通。

无论你如何理解学科的划分，这种不够精确的学科知识一经建立，便极难改变。人们之所以不善迁移，正是因为我们的认知系统的这种惯性——一旦遵循了以学科为基础的分类方式，就总是在寻找接近的背景知识帮助我们理解生词、词组和语句。

生物学家詹姆斯·祖尔在他的《改变大脑的艺术》一书中曾写道：“通常我们没有能连接一个学科与另一个科学的神经网络。尤其是如果我们已经学习了将知识分解为数学、语言、科学和社会科学等部分的标准课程之后，学科知识是分别建立起来的。”

不仅仅是学科划分，工作领域的划分也会让人们思维受限、成长受阻。人类的职业不可避免地被划分为行政、财务、记者、律师、计算机……陷于自己工作细节的人们，不可避免地被一套固定的行事逻辑所限。

比如说，2017 年到 2018 年两年中，共享单车曾经火爆了一段时间，所有人的目光，都聚焦在“共享”概念上，什么项目都想往共享上凑，甚至还有人开了个餐馆叫“共享餐馆”，说得云里雾里，其实就是个自助餐。

再比如说，2017 年开始流行的区块链技术，作为一种特殊的分布式数据库，虽然有很多无可比拟的优势，比如公开透明、不可篡改、安全性强、可信任等，但并不是所有的业务都可以应用。可社会上总有一群人，到处拿着区块链这个“锤子”来找“钉子”，企图解决社会上所有问题，而不考虑区块链到底能不能往上套。

总而言之，如果你的学习、探索、实践只是在原有的思想通道中进行，你将一直处于被蒙蔽的状态。目前，西方许多国家已经意识到分科教学所带来的局限性并开始修正他们之前的做法。

以芬兰为例，在数学、英语、语文、历史、美术、音乐、绘画等科目照常开设的基础上，还会在每学年留出一定时间开展“现象教学”，即围绕特定的主题开展学习或研究，将横向的不同学科知识融入新的课程模块，并以这样的课程模块为载体实现跨学科教学。这些国家已经意识到，教学的重点应当是解决问题，而不是使用工具。这一点对于我们成人的学习来说，更加重要。

芬兰的小学教学不划分学科，学校采用课堂教师一身多任的全科教学形式。上节课还在带着学生学英语，下节课就转换为音乐老师了。

章·十四

迁移与跨界

研究艺术的科学性。研究科学的艺术性。锻炼你的感知能力——尤其是学会如何观察。要意识到万事都是有关联的。

——列奥纳多·达·芬奇

1994 年，美国微软公司创始人比尔·盖茨在接受知名杂志《花花公子》的采访时说："我不希望名片上的头衔是商人，更希望是科学家。当我读到伟大的科学家的故事，比如克里克和沃森发现 DNA 的故事时，我感到非常高兴。商业成功的故事却不能引起我的兴趣。"

2005 年，苹果公司创始人史蒂夫·乔布斯在给斯坦福大学毕业生做演讲时说到了自己退学后学习书法的经历："我学习了衬线字体（serif）和无衬线字体（san serif），我学会了怎么样在不同的字母组合之中改变空格的长度，还有怎么样才能做出最棒的印刷式样。10 年后，在设计第一台 Macintosh 电脑时，书法的一切都在我脑子里涌出来。"

2018 年，在软件、能源、交通、航天航空领域创造了四家价值数十亿的企业的商人埃隆·马斯克在接受美国哥伦比亚广播公司的采访时表示："自己更像一个设计师、工程师、技术专家，甚至巫师。"

作为世界上最聪明的人，这些人掌握了由成千上万世界上最聪明的人组成的团队，完全可以把那些看上去无关紧要、横生枝节的任务委托给其他最合适的人，为什么他们要把最宝贵的时间投入到与他们领域看似无关的主题呢？

回转寿司的诞生

1948年，日本一家小寿司店的老板白石义明，遇到了一个令其头疼的问题。寿司店的寿司因为定价20日元一盘，是当时罕见的低价，所以带来了大量食客，也带来很多问题，一个是服务员人手不够，忙不过来，二是店内空间狭窄，店员与食客转不开身。

他想寻求能从根本上解决问题的办法，但一直无果。直到有一次他参观朝日啤酒工厂的生产线，发现传送带上的空啤酒瓶一个接一个被注入啤酒，忽然，他灵光闪现——或许像这样用输送带将寿司送到客人面前，效率更高，也不需要那么多的服务生。

靠着这个装置，白石义明在东大阪市开设了元禄寿司的第一家店，店内设置了装有传送带的回转餐桌。由于客人进店后无须等待就可以就餐，而且不再需要那么多的服务员，餐厅显得整洁宽敞。这家店大获成功，白石义明也被誉为“回转寿司之父”。

为什么白石义明可以成功？自然因为他有着强大的迁移能力。白石义明意识到，如果店铺要发展壮大，当下要解决的最关键的问题就是效率问题。常规提升效率的做法是增加人手，降低成本。但是白石义明没有这么做，他抓住了关键问题——效率，进一步思考有没有不增加人手也能提升效率的方式？如此一来，就绕过了高昂的人力成本，创造了更有效的解决方法。

白石义明不仅抓住了关键问题，更重要的一点是，他会主动接触不同的先进事物，而且善于将不同学科的信息联系起来，产生新的想法和创新。实际上，早就参与社会化大分工的工厂，已经发明了很多提升效率的方法，啤酒传送带只是其中一种，只不过小作坊式的餐饮业从来没有想过借鉴罢了。

这就是迁移思维，它指的是一种调动所有已有知识解决问题的能力。你的知识的半径越大，涉猎越广泛，你解决问题的能力就越强。试想如果白石义明从来没有见过传送带，还能创造出回转寿司吗？这也是为什么我们如此重视广泛涉猎、开阔眼界的原因。

回转寿司的就餐形式已经成为一种风靡全球的用餐方式，厨师把制作好的寿司摆放在盘子上，然后将盘子放置在运输带上，运输带环绕在餐厅的坐台前，顾客可随意选择。用餐结束，店员会根据顾客桌上的盘子来结算账单。

再举个例子，为什么我们总说“寒门难出贵子”，即使来自农村的同学通过艰苦奋斗终于和家庭出身更好的同学考进了同一所大学，能力、见识和格局依然相差甚远，就像那篇火爆网络的文章《我奋斗了18年才和你坐在一起喝咖啡》中所描述的那样。

这其中固然有阶层固化等原因，但从另一个角度也说明，如果我们生活在一个日益复杂、快速变化、知识经济发达的时代，一个人审视周围世界的视角越广，他的思路就越开阔，他触类旁通的能力也越强。

家庭出身更好的孩子，从小就会在父母的引导下阅读各类课外书籍，他们会学习国学、戏曲、话剧、高尔夫、芭蕾舞、小提琴等各类辅导班；他们寒假到海德堡参加竖琴表演，暑假到南非大草原做义工，小长假随父母到以色列参加夏令营。这些潜移默化的影响，每一条都“打”得“寒门”孩子无可奈何。

但是在这个媒介发达的时代，这一点并非是不可跨越的鸿沟。网络上有成千上万的在线课程和数十亿的在线视频，在你能想象到的任何一种媒介中，都能找到大量来自世界上最顶尖专家提供的便宜甚至免费的知识供你学习。即使你真的出于“寒门”，只要重视学习，愿意投资自己，并且能够自律地采取行动，那这个时代对你而言简直是个黄金时代。

你可能会问，我们都是成年人，生活是“上有老、下有小”，工作是“上面捧、下面哄”，这些事情已经耗费了我们大量的时间心力，根本无暇搞什么终身学习、斜杠青年，怎么办呢?

即使没有时间专门学习，能够保持一个开放的心态，抓紧一切时间接触大千世界也是有益的，因为机会往往就蕴藏在微不足道的观察里。

陆游有个名句，叫“功夫在诗外”。在他初作诗时，只知道在遣词造句、平仄对仗上下功夫，到中年才领悟到诗应该注重内容、思想、意境，而这些只能在生活经历中获得。所以，他又在另一首诗中说：“纸上得来终觉浅，绝知此事要躬行。”哪有什么天赋异禀，有着广泛的生活阅历，并对此有所思考，才能做出一首好诗。

2015 年，我接受印度马哈拉施特拉邦旅游局的邀请，作为中印文化大使前往印度考察。主办方安排的其实就是一次旅游而已，但我却把它看成了一次难得的交流学习的机会。

在这之前我对于印度的种姓婚姻制度很感兴趣，但是只有模模糊糊的印象，于是逮住机会就跟旅游局的工作人员聊这方面的事情。有位小姐姐很乐意跟我分享自己的故事。她告诉我，她的种姓处于较高等级，但也绝不允许跨等级通婚，婚姻只能由家人来包办。她已经相亲很多次了，就是没有找到喜欢的男孩子，因此感到十分痛苦和迷惘。

后来几天，我脱离了主办方的统一安排，跑到恒河游玩。包船看日出时，我又想到了种姓的事，于是便和船夫交流。他很平静地告诉我，他属于印度种姓中最低的那一等。我委婉地问他，那你适应这样的生活吗？他说，世世代代都是这样，他没觉得有什么不适应，也从没有想过去改变，即使自己的工作再普通，也该把分内的事情做好，别人的工作再高尚，那也是别人的事。

他轻描淡写的语气令我十分震撼，我才知道这个世界上还有人是这样思考阶层的，我也第一次意识到，人处于某一个环境的时间太长，会把许多不合情理当作天经地义。

我并没有刻意学习什么，只不过简单聊了几句。可能有人会觉得我问这些东西没什么用，聊这些可能还不如问哪里好玩，多拍几张照片。但我觉得，简单几句聊天，已经让我大致了解了一个国家的制度、风貌以及国民的思考习惯，留待将来，这方面的知识一定会对我有潜移默化的影响。至少，自那以后，我学会更努力地站在别人的文化背景下思考问题。

不要误会，我不是在说游山玩水的过程可以自然而然地提升迁移能力，而是指应该在开阔视野的过程中学会思考。就像我在考察印度的过程中，不是看了就满足了，而是不停探索：人类在另外一种政策和制度下，到底会做什么判断、会有哪些表现？究竟什么是合理，什么是不合理？我们自以为的合理就是合理吗？这些思考在你接触任何一个不同的事物时都可以做。所谓思考，不外乎就是替自己储备智慧。相信将来某一天，这些通过思考得出的智慧一定有它的用武之地。

不要捆住你自己

几年前，某国际知名家化企业换了一批高效的自动香皂包装机生产线，却发现这个生产线有很大问题，包装好的盒子里经常没装入香皂。生产线末端如果派两个人检查，又太过低效。

公司于是成立了由自动化、机械、机电一体化等专业的博士组成的队伍来解决这一问题，没多久就在装配线的上方开发了全自动的X光透射检查仪，透射检查所有的装配线尽头等待装箱的香皂盒，如果有空的就用机械臂取走。

有个乡镇企业也买了同样的生产线，出现同样的问题后，老板吩咐线上小工务必想出解决对策，小工拿了一个电风扇放在装配线尽头对着成品吹，风将空盒子吹走，问题得到解决。

对于这个流传很广的故事，大家有很多解读。在我看来，这家大企业的问题在于高管们在学科和经验的双重束缚下，只想着如何用某一学科、某个行业内的知识解决问题，他们的思维被自己的专业限制住了。

我们学习知识，目的是为了解决问题，而不是非要把学过的知识生搬硬套在某个领域。

我举个例子你就明白了。假设你想了解引擎的工作原理。传统的方法会让你先学习螺丝刀课程和扳手课程，然后你心中会装着这两个课程的内容到处寻找可以使用螺丝刀和扳手的地方。

更好的办法是，首先提出一个问题：引擎如何拆开？要拆开这个引擎，我们需要一把螺丝刀，我们还需要一把扳手，如此，知识的相关性很明确地传达出来，核心技能的迁移也会变得更加简单。

但是，大多数人，特别是有了一定知识储备的学者，往往会犯这种错误。他们希望用自己学到的理论去解决所有问题，当现实与理论不符的时候，就选择忽略现实。

作家万维钢说："崇尚自由市场的教授认为所有经济问题都应该用市场解决，鼓吹自由民主的专栏作家把美国政治的缺点都能变成煽情的素材，热爱儒家文化的历史爱好者看宋朝一切都是美好的，自诩为保守主义者的中国思想家对一战国际条约体系的推崇可能连现在的英国人和美国人都比不了。他们用毕生之力铸就了一个属于自己的锤子，就把一切东西都视为钉子。"

世界是由一个个的问题组成的，不是由学科组成的，也不是经验组成的。我们必须允许思维在不同的领域内自由驰骋。

极端的情况下，人们不仅在自己的学科和经验内行事，甚至会对外界毫不知情、充满偏见。一个最大的悖论是：有偏见的人从来都不认为自己是有偏见的。

我见过太多人，他们对异见充耳不闻到了近乎偏激的地步。比如我曾不止一次听见互联网人对媒体人的评价："没有口德，枉顾事实，过分追逐流量。"我也不止一次听媒体人评价互联网人："目光短浅，缺乏见识，不可一世。"正是因为两份工作我都曾涉及，我才深刻地理解到双方的误解和成见到底有多深。大家都忽视了每个人都有的独特价值，他们的技能要是能够融合在一起，将会激发出许多非常棒的主意。想想看，如果一个人同时具有很棒的媒体思维和互联网思维，是不是在这个时代应该挺吃香的？

前段时间，发生过一个程序员暴打产品经理的新闻。中国平安 App 的产品经理向程序员提出一个需求：App 用户端的主题颜色能根据手机壳颜色的变化自动调整。开发人员对这个需求十分绝望，按捺不住大打出手。

产品经理对开发工作的无知是打人事件的根源，但程序员未必没有问题，程序员和产品经理两人之前恐怕一直活在自己的世界里，从来就没有好好沟通过。想想看，一个具有产品思维的程序员，他是不是至少应该已经爬上管理者的岗位了？张小龙和马化腾都是程序员出身的产品经理。

打破偏见的最好方法，一是要时时刻刻提醒自己，站在别人的角度思考问题，不要让自己陷入偏见之中，二是和不同领域的人交流。

如果你总是与有相同想法的人交流，一定会阻碍你的发展。与那些有着相似学科背景、相似政治观点、相似家庭出身的人交流总是很轻松、很快乐，但并不是挑战。你能和一个快递员、一个空调安装工、一个行为艺术家交谈吗？你是否喜欢和一个专打离婚官司的律师、一个 MBA 课程推销员、一个画家或者一个街边下象棋的老爷爷聊天？你可能会问：“为什么我要这样做？”只有打破你头脑中的限制，你才能真正对这个世界有所了解，并带着你对世界的了解去解决这个世界的一切问题。

换个视角看世界

我们应避免只用一个学科领域内的知识框架思考问题，也就同时意味着，学会从其他学科的视角，或者更高一层的视角看待自己要解决的问题。

美国著名科普作家、媒体理论家史蒂文·约翰逊在《伟大创意的诞生：创新自然史》一书中，描述了达尔文的第一个重大科学发现，书中是这样表达的：

想法自身需要从知识池中汲取不同学科的知识，为了解决疑难问题，他必须同时以一个自然科学家、一个海洋生物学家和一个地质学家的身份进行思考。他需要理解珊瑚地的生命周期、仔细观察基林群岛的岩石上的细小的有机物的轨迹以获取证据。他需要俯视巨大的时间跨度来思考火山与海洋的起起伏伏……要全面理解这种复杂的观点，需要一种探查的智慧，需要将不同学科和维度融会贯通进行思考。

一个 IT 业的企业家跟我说，如果出行需要打车，他几乎每次都会选择滴滴顺风车以便跟车主聊天，因为顺风车的车主几乎来自各行各业。他说借助这样的机会才能更好地了解城市变化和时代变迁，增长见识，这种好奇心可以转化为思考的养分。

他曾经跟我说，如果只用市场营销人员的视角观察事物，或只从财会人员的角度思考问题，那么他不可能带着一个企业走向成功。但若以销售人员的激情来对待事物，接下来在大脑里把问题换个角度，从物理学家或者财会人员所要求的精度方面思考，然后再把问题翻过去，用经济学家或者心理学家的眼睛来观察，就很可能会找到一个有创意的答案。“你有的放矢的次数越多，击中目标的可能性就越大。”

钱穆先生是我最喜欢的一位历史学家、国学大师，对史学有着很深入的研究。直至今日，其著作《国史大纲》《中国近三百年学术史》《中国近代政治得失》在史学界都有着重要地位。

他在晚年时说过一句话，大意是：“我这一辈子没啥成绩，如果非要找些拿得上台面的，也就在儒家思想上有些心得吧，其他也就没啥了。”

年轻的时候我不理解这话，一开始觉得，在历史学上的成绩无人能出其右的他，却说自己除了琢磨点儒家思想，其他没啥了。实在是谦虚！过了两年我又觉得，这哪是谦虚啊，这明明是说，我历史学懂的那些都是毛毛雨，我真正牛的地方在儒家哲学。实在狂傲。今天再琢磨他的话，我才发现，这就是老人家直抒胸臆的一句话，不是谦虚也不是狂傲。他想说：“其实我也不是历史造诣多么深，我的长处是，以儒家哲学的视角解读中国历史。”以哲学视角解读专业领域，这才是他的伟大之处。

我们或许无法达到大师那样的高度，当你身处医疗、卫生、环保或者教育等行业时，能从更高的民生角度、扶贫角度、城市化发展角度看待行业问题；当你从事娱乐、文化、游戏等产业时，能够把握当前整体形势，从政府集权、口径统一、传统文化扶持和传播等方面思考自己的工作，你的迁移能力一定会更强，你的发展速度一定和别人不一样。

细心的读者可能注意到，我们曾经在第二章中建议大家要专注于自己的核心优势，不要把时间消耗在毫无战略性可言的机会点上。看上去，这和本章前几节所说的广泛涉猎是有矛盾的。但实际上，二者不是一个层次的问题。战略定力是为了保证自己的前进方向不发生偏离，广泛涉猎则是为了让我们解决问题的思路更加开阔。在精力的分配上，我们必须在保证大方向的前提下，尽可能更多地增长见识、开阔眼界，二者并不矛盾。

不要关掉机会的“警报器”

人类的大脑非常复杂，迄今为止，其运作机制和原理还没有被破解。但一个广泛的共识是，给大脑输入的信息越多，大脑加工和处理的信息越多，可迁移能力和创造能力就越发达。

试想一下，我们如果给机器设定一个程式，然后给电脑输入足够多的资料，那么电脑是否就可以产生足够的迁移能力和创造力了呢？

至少现在还看不到这样的可能。人工智能中的深度学习算法，目前可以做到的最大极限，是有能力找出两个看似不相干的数据之间的相关性，发现哪些数据相对于另外一些数据而言更重要，但它不是一种以解决问题为目的，充满了创造力的联想。它无法模拟大脑，更没有主动连接的意识和能力。

主动连接和被动连接是有区别的。

我们经常会“神游天外”，比如你现在在散步，你的思维可能遵循这样的模式：

跑步——操场——老师——经济学——贸易战——转基因——崔永元——范冰冰——武则天……

这就是被动连接，它当然是有意义的，它可以增加你天马行空般的想象力和创造力。

但是主动连接不同。它需要你主动去考虑新吸收的信息和已经存在你脑海的信息到底有何种联系，一旦开始思考，这种主动连接便开始建立，这部分记忆会加深、变强，还可能演变出意想不到的灵感。

我刚做记者那会儿，经常会被编辑批评报道的内容不够丰富，有一次编辑甚至冲我吼道："一篇优秀的报道是可以东拉西扯的！"至此，我才恍然大悟。

据此，我采取了两个对策：第一，在写报道时，尽可能多地通过各种渠道搜刮与报道相关的信息加入文本；第二，报道还未成形时，事先主动在脑海里建立信息框架。

为此，每年年初我都会对本年度报道的重点内容包括房地产、互联网、人工智能等领域的基本盘面有所了解，对这些领域提出自己的疑惑和问题。这些问题不必立即寻找答案，而是放在心里，并假设平时新获悉的任何信息都与自己正关注的领域存在某种联系，即使不能马上发现它们之间有什么联系，至少可以假设它们之间存在着一种联系，然后继续搜集信息。我们的大脑是很奇特的，说不定某一天就会灵光闪现。

举个例子，听说腾讯的股价下跌，可以将这条信息与其投资的京东的股价下跌联系起来，可以将其与中国监管机构冻结部分网络游戏版号和备案联系起来，可以把它和新出现的互联网公司的商业模式、组织架构联系起来，在玩《王者荣耀》时，我还发现最近免费的推广活动更加多样了！这些都可以联系起来！把新得到的信息和看上去毫无关联的信息联系到一起，这样你就会对腾讯这家公司乃至中国互联网科技的发展有更深层次的认识，做出来的报道也会更加好看。

再比如，决定写现在这本有关思维方式和核心素养的书籍时，我并没有刻意准备什么，所做的无非就是把这本书的内容框架列出来，然后心里随时绷着一根弦，问自己框架中的问题，比如：什么是思维方式，有哪些思维方式比较重要，如何培养思维方式。但从我决定开始写这本书的第一天起，我就发现，无论是我读的公众号文章、看的书籍还是自己极具个性化的经历，似乎全都和这本书相关，我有无数的案例可以把这个书的框架充实起来，这就是带着问题意识去主动思考的好处。

其他领域也是如此。不管你从事哪个行业，另外一个行业每一篇有关成功经验的文章都有可能会给你从事的领域、你的人生规划提供可迁移经验，只要你头脑中时刻保持发现问题的意识。

7-11便利店的创始人铃木敏文，为了得到灵感和创意，一直坚持做两件事。第一，把自己置于信息之中。例如回家就打开电视，坐车就收听新闻广播。第二，对自身工作始终保持问题意识，就像“脑海中的鱼钩”一样，看到合适的信息就迅速咬住。

有一次，一家媒体对日本社会老龄化的深入报道迅速“咬住”了铃木脑海中的“鱼钩”，他敏锐地意识到不能像过去一样自如外出购物的老年人的人数势必会大量增加，并且，当作为社会中流砥柱的劳动力人数逐步减少，年轻一代也会因为过于忙碌无闲暇购物。因此，便捷的网上购物将会作为新型的生活方式成为大势所趋。于是他迅速加大了网络超市的筹备进度。

由于事先做好了准备，网上超市在正式投入运营后发展非常迅速，营业额也节节攀升。网上销售的模式也迅速被其他实体零售平台复制。

保持问题意识之所以能够提升可迁移能力，最重要的原因在于，这是一个调动已知经验解决未知问题的过程，如果已知不能解决未知，就需要把新的未知变成已知，进而解决未知。新的问题未必可以马上解决，只要脑海里有这个“鱼钩”，解决方案很可能就存在于你下一次的玩耍、学习和跨界活动中。

我们来看一个麦当劳的例子。麦当劳的高管一直都想缩短顾客就餐的等待时间，然而一直没有好的解决办法。一次机缘巧合下，高官们参观了 F1 赛车的进站维修流程，并从中汲取了灵感。

F1 赛车比赛是一个持续性的比赛，在比赛过程中，赛车需要不断地进站加油、更换轮胎，这些时间也会被算在运动时长之内，因此，这项运动不仅是车手和工程师的战场，也是维修人员的战场。

维修人员如何精确地掌控这部分时间，对于赢得比赛有至关重要的作用。

面对这样一个争分夺秒的情况，F1 赛车的维修人员是怎么做的呢？当车手离开跑道进入车队维修区后，先是由“棒棒糖人”（拿着一支如同棒棒糖标示牌的维修人员）引导车手将赛车停到正确的位置。车辆定位后立即被前后两个千斤顶举起，开始所有的维修工作：

更换轮胎由三个人共同完成，第一个人卸下固定螺丝，第二个人拿走旧轮胎，第三个人把新的轮胎装上。更换轮胎的过程中，两个维修人员扛着重达 20 公斤的加油枪同时给车加油，其他维修人员要完成调整参数、清理散热器前方杂物等工作，所有维修人员的动作被精确到秒。当这些动作全部完成，车前及车后的千斤顶立即移除，车辆回到地面，整个维修工作一般不超过 7 秒。

麦当劳的高管们很快就将这一套流程应用于餐厅流程当中，他们将从点餐到结账拆分成十几个小细节，要求每个步骤在最短时间内完成，如此一来，顾客从入口处点餐，到结账取餐，只需要短短几十秒，时长问题很快得到解决。

迁移很多时候都是从思考“为什么”和“为什么不”这样的问题开始的，是从观察现在是如何做的并且设想以后如何才能做得更好开始的，是从幻想一个理想的世界开始的。所以，我们应该时刻提醒自己，绷紧头脑中这根问题的弦，努力发现问题。

去日本旅游的时候，我发现日本的商店里会卖一些匪夷所思的小玩意儿，当然，这些东西如今也已经传遍了中国的大街小巷：脚贴、口疮膏、空气眼罩、液态创可贴、骨盆带……这些把人几乎武装到每一个细小环节的产品，实际上是日本人问题意识发挥作用的结果：能让走了一天路的脚丫子得到放松吗？能让难看的口疮不在嘴边长这么长时间吗？能让劳累一天的眼睛更加舒缓吗？使用创可贴可以不影响人们洗手吗？可以让姿势不正确而导致的骨盆倾斜恢复原位吗？不排除有一些是伪需求，但如果没有思考这些问题，日本人也就不会想要去解决它们，也就不会创造出这么多实用的产品。

部·五

巩固内化
——建立适合自身的认知体系

章·十五

构建认知体系

物无妄然，必由其理。统之有宗，会之有元，故繁而不乱，众而不惑……故自统而寻之，物虽众，则知可以执一御也。由本以观之，义虽博，则知可以“一名”举也。

——王弼

近两年，一股中年失业带来的焦虑之风弥漫在我们周围，都说 35 岁以上的员工，论干劲拼不过 22 岁的毕业生，论体力拼不过 25 岁的年轻人，论技能拼不过 30 岁的专业技术员工，被公司找个借口无情抛弃是非常普遍的事。

奇怪的是，我们为什么都默认一个知识工作者要一辈子拼干劲、体力和技能？其实你最应该做的，是给自己加一个杠杆，借助某种工具或机制，让一份投入带来的产出能扩大 *N* 倍。

这个杠杆就是：随着阅历增加带来的可迁移的思维模型。

稍加留意便可发现，无论是历史上的伟人还是周围有所成就的人，自己都有一套可迁移的思维模式，而且他们还擅长将这套思维模型迁移到其他情境中去。

查理·芒格的思维框架是：研究什么是有效的，然后长期去做，思考什么是无效的，然后坚决避免。

杰夫·贝佐斯的思维框架是：什么事情是长期的？抓住长期，坚持自己认为对的事情。不以利润为指标，不以对手为中心，不以股市为裁判。他这套思维框架也跟美国知名投资人本杰明·格雷厄姆以及沃伦·巴菲特的思维框架非常一致，尽管后两者的思维模式主要用于投资。格雷厄姆曾说：“股市从短期看是投票器，但是一定要从长期来看股市，从长期看股市还是一个称重机。”巴菲特则说：“股市每年只要看一天就行了，用不着天天去看。”

我采访过很多投资人，他们有一套共通的思维框架，比如他们鉴人和选择投资项目时，除了考察创始人对这个行业当前的理解和未来的判断，还会就当前社会热点话题，请教这个人的看法，看他有没有理解、认知这个世界不同领域的有效思维框架。这个方法被证明十分有效。

人的智慧总是随着年龄的增长匍匐前进，同时也会间断性地遇到一些瓶颈。如果你能在不再年轻的人生岁月里，一步一步地在自己的灵魂里逐步建构起一个基本的思维模型，并衍化成一个能够决定自己行为的方法论，在遇到新问题时，才能迅速将其纳入熟悉的系统中分析、思考。

那么，我们究竟应该如何建立这样的思维模型，并将其迁移到其他领域呢？

我的“最近发展区”

10 年前，我在香港中文大学读研究生时，同学介绍我去一家机构做兼职——教世界各地的 English Speaker 普通话。

该机构采取末位淘汰制，学员给老师打分，每个月分数最低的会被淘汰。我急需 1 节课 100 港币的课时费来解决生活费不足的问题，但当时英文非我长项，前几节课我进行得如履薄冰。

接下来我暗自留意，发现来这里学习的学员来自不同国家、不同行业，水平不一，机构的教材难度很大，学员学起来很吃力。我从“因材施教”的角度突破，做了以下几件事：

第一，给我的 5 个学生制作量表，表内涵盖兴趣、特长、动机等问题。

第二，根据量表结果，思考该机构统一教材难度是否与学员水平适配。不匹配则放弃教材，根据教材提供的知识点和框架重新在生活中寻找教学案例。

第三，每节课都和学员交流课程难易程度，根据反馈及时调整。

第四，给每个学生设立小阶段教学目标，根据学生的能力、态度，预估每一个学员学习汉语的潜在发展水平，在此水平范围内实施教学。

到了第三个月，我不仅没被淘汰，反而评分已列所有教师中最高。跟机构老师交流经验，她说我这个方法有点像俄国教育学家维果茨基的“最近发展区”理论。

这一理论认为，教学过难，儿童理解不了，教学过易，儿童容易丧失兴趣，所以教学要在最近发展区之内——既考虑儿童已达到的水平，又要走在儿童发展的前面，这个“前面”就是儿童借助于他人的启发、帮助可以达到的较高水平。

我一头雾水，没想到靠自己摸索出来的一些零散的感悟，和权威的教育理论搭上了边儿，感觉很新鲜，随后也很快遗忘。

几年后，我到新华社做时政记者，有机会接受欧盟组织的叙事新闻学写作培训，课上我居然又接触到了这个明明看上去和写作八竿子打不到边的“最近发展区”理论。

来自荷兰的培训老师说，几乎所有写作的目的都是为了说服受众。但如果你给予的知识是受众已知的，他们得不到新内容，也就不容易被说服。如果你给予的知识、理念与目标受众的世界相隔太远，他们会感到困惑，你的目标也很难达到。

“你传递给受众的消息必须在以下范围内：他们知道什么，他们意识到自己还不知道什么。这部分内容，刚好就在最近发展区之内。”他说。

我一下子联想到当时做得最火热的微信公众号，这可以解释为什么同样做经济投资类公众号，那些受欢迎的往往都善于用通俗、风趣的语言讲述复杂原理。读者更容易接纳“跳一跳够得着”的新知识。我对“最近发展区”这个概念再次加深了印象。

之后，我又在书中读到了查尔斯·罗伯特·达尔文与进化论的故事，发现最近发展区理论还可以帮我们规避风险——尽管那个年代最近发展区理论尚未出现，但作为一条隐藏着的规律，达尔文已经开始灵活运用了。

1838 年，达尔文提出了自然选择学说，尽管他对自己的进化论深信不疑，但却意识到发表时机不够成熟，此时发表，不仅学说不会被社会认同，自己反而会被戴上反社会的激进民主主义帽子，所以他只与亲近的朋友分享了自己的理论。

20 年后，当另一个学者阿尔弗雷德·拉塞尔·华莱士也提出了类似理论，且达尔文确认时间已经慢慢走进了人们的“最近发展区”时，才将学说公布于众。《物种起源》一上市就卖出了 1250 本，成为科学界解释生物多样性的权威理论。

试想，如果进化论理论诞生之日就是它的公布之时，达尔文会遭到什么悲惨命运呢？

此时此刻，我对最近发展区理论的了解已经比较深入了。

工作几年后，我开始带领团队。我发现，有些自己感觉特别好的点子，下属总无法落地，搞得自己非常困惑。后来，我读到国外一篇关于埃隆·马斯克的报道：由于埃隆·马斯克思维太过超前，经常把自己弄得疲惫不堪。比如由于过度依赖机器人生产而非人工制造汽车，他不得不亲自努力工作改变这种平衡。人人都知道人工智能是未来趋势，可在技术条件、社会伦理尚未成熟之时就大范围使用，是否又超越了发展阶段呢？

我恍然大悟，管理困惑也得到了解释。总感觉团队成员完全不理解自己的想法，工作布置不下去，觉得他们水平资质不够。现在才明白，这其实全都是我自己的问题——就像一个老师面对一年级的学生，你不依据学生的认知水平来讲授学习内容，直接讲初中的知识，有人能理解才怪！

真正优秀的团队领导者，真正的善于沟通者，永远是要站在受众的角度，以对方能接受的方式，引导对方理解自己的思想和情感。就像一个举着小旗子的导游，既要站在队伍前方引领大家，又不能走得太快，防止大家看不到你。

可迁移的认知路径

经过长达 8 年的吸收、内化、演变，“最近发展区”成为我思考、解决问题的重要原则和思维模型之一，它对我生活工作的方方面面影响巨大。我坚信，每个人都会有属于自己的个性化的原则和模型，每个人都可以将这些原则和模型进行模式化“生产”，并灵活地迁移于其他领域。

如下图所示，将以我习得最近发展区并将其迁移的过程为例，来说明迁移能力的培养路径。

最外环：每个人在日常工作、生活中，都产生大量的直接、间接经历。这些经历也许是你身上发生的故事，也许是朋友身上发生的故事，或许是你在书上读

到的故事。

比如上一节中我提到自己教外国学生的经历、听欧盟老师讲课的经历、读达尔文的经历、管理团队的经历，未经思索之前，这些经历像散布在天空里的星星，点缀于不同的时间线里，在获得归纳和思索之前，它们的发生似乎并无意义。

第二环：抽取其中部分经历，有意识地去联系总结，找到分析解决此类问题导向性的方法、技巧，且将这个过程变成自然而然的行为。

注意，同一件事不同的人可能会总结出不同的方法、技巧，它们无所谓优劣，适合、管用就好。

比如，我根据前几段经历分别总结出：培训时既要考虑学生已达到的水平，又要走在他们发展的前面；写作时传递给受众的消息必须控制在他们知道什么、他们意识到自己还不知道什么的范围内；推广新事物时，也不能太超出已有认知水平。

第三环：随着积累的各类导向性方法、技巧越来越多，可以每隔一段时间做个回顾，辅以经典书籍的阅读，或向他人请教。最重要的，还是自省自悟，将其中一些方法、技巧归纳为超越具体领域、高度凝练的处事原则。

这些原则可以是你自己新总结出来的，也可能表现为前人已总结好的学说、理论。就好像我将自己的几次经历归结为最近发展区理论，这个理论也成为我重要的处事原则。

相对于方法、技巧，原则更加上位、普遍、客观。

如果你之前从来没做过这件事，建议你找个时间，系统地去回溯和整理以前的经验，一步步上升为方法、技巧，接着将其融会贯通、形成原则，最终揭示事物的根本规律。

需要注意的是，不同的人很可能悟出类似的原则。比如之前我曾采访过一个司局级领导，说自己的管理只关注三点：一是关键岗位用对人，二是建好制度，三是管好钱，这样基本就出不了问题。很巧的是，我在某个互联网公司的分享会上，也曾听到某企业总裁在分享经验时，说过类似的话。

只要完成最外面的三个环，你就可以将总结出来的处事原则，推广至其他拥有相似本质的事物，完成这个迁移闭环。

这样的习惯一旦养成，将会让人终身受益。其他人都属于就事论事，而你是在降维打击。

就像深刻理解了“最近发展区”这一理论的本质时，我会有意无意地用这一理论指导自己在其他方面的工作和生活。

关于第三环还想再多说几句。

作为平凡人，能够到达第三环已实属不易（至少超越了 99%），极少人能达到中间核心的第四环，太多人都在第一环和第二环中间走来走去，在零散的经验和经历间浑浑噩噩。

而在第二环和第三环之间，有很多只有小聪明、无大智慧的人。

举个很简单的例子，我们经常看到公众号或知乎大 V 动辄回答点赞破万，但是出版的书籍却只得到很低的评价。同样的写作水平，书和网文何以差距这么大？

态度是一方面，但更重要的原因是，书籍需要有完整骨架和体系。大 V 们可能在某一个问题、某一点上思路特别惊艳清奇，令人醍醐灌顶，写成短文是够了，但散乱的经验，无法归纳上升为原则或规律。出书只是把自己原本回答的问题集合起来，再找几个案例扩充扩充，相当于把自己的干货稀释，自然得不到好的评价。

有没有将技巧上升为原则，是我们把经历变得更有意义的关键。

最中心一环：大部分处事原则，都遵循着简单的一条或几条事物的根本规律。就像孔子的儒家思想，一以贯之，忠恕而已；爱因斯坦看宇宙，主要就是 $E=mc^2$，虽然简单，但能达到这一层面的人，不要说当代，在整个人类历史中，都可谓凤毛麟角。

三国时期的王弼说："统之有宗，会之有元。……故自统而寻之，物虽众，则知可以执一御也。"

也许当你的经历更多，经过更长的时间淬炼，某个瞬间的顿悟，会让你找到位于原则之上更为基本的规律，这些基本规律可迁移的范围更加广泛，你也因此拥有"执一御万"的能力。当然，发现不了的话也没关系，毕竟，发现基本规律很可能是一些"大家"才能完成的，平凡人如笔者可能一生都无法达到这个高度，但至少自己有可能在实践中深刻地理解大家们创造出来的规律，为己所用。

需要注意，事物背后的规律虽然是一致的，但每个人归纳出事物根本规律的路径是不一样的。就好像我们所有人都在爬同一座山，有的人从前面爬坡，有的人从侧面爬坡。在过程中每个人看到的风景都不相同，他们得到的导向性的方法、技巧不同，总结出来的处事原则也不相同，但人们最终都会到达山顶，到达事物背后的根本规律。

举一个不那么恰当的笑话，我接触过很多 20 世纪 80 年代发达的民营企业家，他们总结出来的企业用人原则是：用人唯亲。严格遵循"不是亲戚朋友我不用"的经验。

在我们 80 年代出生、接触过正规工商管理及经济学教育的人看来，家族企业弊端很大，缺乏企业文化，滥用人情管理。但是这些家族企业就是风风火火地生存了 20 多年，直到今天，生命力依然旺盛。

沿着不同的路线，我们最终都能到达山顶。

但总体来说无论哪种企业组织方式，它们背后的规律，就是生产关系一定要适应生产力发展的需要。

宋代哲学家朱熹所说：“今日格一物，明日格一物，一旦豁然贯通，众物之表里精粗无不到，吾心之全体大用无不明。”

所谓格物，就是研究万物。这句话也就是说，格物为渐，悟理为顿。但理是唯一存在的。一旦了解了“理”（即规律），则万事万物的里外巨细都被认识得清清楚楚，而自己内心的一切认识能力都会发挥得淋漓尽致。

“为何”与“如何”

从最近发展区的视角来看，可迁移能力的认知路径需要注意一点：

每一个外环都是你的现有发展区，与之邻近的里环就是你的最近发展区，我们只有充分理解外环，待这个外环丰满之后，才能向前一步发展到临近的内环。环与环之间不可能跨越发展。你不可能从最外环的“经历”一下就跳入到最里环的“规律”。

换句话说，不是你真正明白的东西，你不可能跃迁到更高的层次，对你根本也没有用处，无非是浪费记忆和时间。

在这个人人都会感到焦虑的年代，到处都是拿着规律贩卖概念、包治百病的专家，说白了无非是想直接拿内环的知识（毕竟听上去比较高深）套用在外环上，然而实际指导意义并不大。就好比爱因斯坦告诉了你 $E=mc^2$，你就能理解宇宙的运行规律了吗？没有整个宏观、微观物理学的基础，不能将此上升到哲学精神层面的理解，即便告诉了你最核心的放之四海而万物皆准的通理，你也很难理解。

一个老师跟一个文科生大谈波粒二象性，说这个原理可以指导他们的日常生活，同时还给他举一堆案例，我觉得这个文科生尚未在下一环节建立起来足够多的价值体系和思维方法时，内心应该是懵懂的，就算听老师讲时热热闹闹，下课回家照样不知道该怎么办，根本不可能理解这个规律对他们有什么用。

“路径要在芜杂中自己显露，才有野草一样的力量。”真正的道理和能力，还是需要我们自己通过一些方法来领悟。

那么，具体该如何去领悟呢？

还记得我之前面试的那个有着 5 年经验的编辑吗？

虽然在面试时我发现她对于编辑要干什么工作清清楚楚，即“如何做”。

然而，我却没有发现她对这个行业的思考，没有发现她对自己工作规律性的总结和创造性的意见，即“为何做”。

掌握编辑工作的流程很难吗？在我看来，再笨的人，不到一年时间也可以完全掌握，日后的经验，随着熟练程度的提高，都是自动完成，根本无须动脑，若真要有所提高，就得靠思考来避免这种“自动完成”。

比如编辑的流程，三审一校对，做久了就像流水化作业。但优秀的编辑会在衔接不畅时思考为什么会发生衔接不畅的情况？

改一段文字，顺顺错字就行。但有些编辑会总结一下市场上现在有哪些较火的文章，为什么字里行间的表达方式人们更喜欢看，我可以从里面借鉴什么？

没有关于“为何做”的思考，即使有 5 年、10 年经验，也是无用之人。

描述“如何做”，是执行一连串从一点导致另一点的事件顺序，将来完全有可能就被机器代替。至于要解释“为何做”的时候，则是要找出因果关系，看看究竟为什么发生的是这一连串的事件，而不是另一串的事件。

从某种程度而言，“为何做”才是真正应该思考的，紧紧抓住“为何做”，才知道“如何做”，才更有利于我们抓住事物的本质，更有利于我们把经历上升为经验，经验上升为原则，原则上升为规律，这与我们追寻人类历史的进程是异曲同工的。

可迁移的自主训练模式

前面提到的迁移方法，在实践中是一个长期的过程，不仅需要对经验有一个长期的总结、提炼，还要靠自己的悟性慢慢摸索。你们可能会觉得这个过程太过漫长。对于那些希望能在短期内快速提升、锻炼自己的可迁移思维的人，我总结了一套自主训练的模式，通过这套模式任何人都能够快速锻炼自己的可迁移能力。

具体来看，在任何行业内，都需要践行如下几个步骤：

1. 找准行业内的核心问题；
2. 想要解决这个核心问题，有哪些绕不开的、必须要搞清楚的本质要素；
3. 把这些本质要素转化为一个可以在工作中操作的实践性问题；
4. 设计一个方案，如何持续性地研究、解决这个问题；
5. 预设一个解决问题的物化成果；
6. 思考这个本质问题的物化成果能够迁移到哪些地方。

听起来比较虚，咱们实际设计一个问题，也许更能体会。

举个大家都能接触到的行业——健身。笔者不是健身行业的人，但在此想依靠此前对健身教练的观察得出的感性经验做一个设想：假设你是个健身教练，你想要从健身行业中获取可迁移能力，你可以怎么做呢？

1. 找行业内的核心问题、本质问题

作为健身教练的你，有很多核心问题，比如，和什么类型的健身房合作赚钱多？外观气质、专业水平、服务态度、销售能力，哪个更重要？肌肉锻炼到什么程度最受客户欢迎？怎样锻炼销售技巧能增加学员数量？

我们可以选择一个作为自己的方向，比如：怎么销售课程最赚钱？

2. 想要解决这个核心问题，绕不开的、必须要搞清楚的本质要素

怎么销售课程最赚钱？笔者没做过健身业，了解不多，但我觉得起码有这么几个绕不开的要素：销售对象（销售给什么群体）、销售数量（打包卖多少节课）、销售价格（平均一节课的价格）、销售成本（包含沟通成本）、上课次数（客户买了多少节课、上了多少节课）。

这一阶段，我们不求罗列全面，重要的是迅速调研这几个要素，形成初步的感觉。

3. 把这些本质要素转化为一个可以在工作中操作的实践性问题

当我们调研清楚所有要素之后，回到“怎么销售课程最赚钱”这个问题，感觉还是比较空。此时，我们应该基于销售对象、销售数量、销售价格、销售成本、上课次数，尽可能拆解出一个切实的、可操作的问题，经过思考我们可以尝试提出如下问题：

将课程销售给什么年龄和职业的人，性价比最高？

4. 设计一个方案，如何持续性地研究、解决这个问题

设置计划，在自己目前合作的健身房中，记录一段时间内（越长越好）每一

个客户的选购情况，包括对象年龄、对象职业、沟通时间、销售数量、销售价格、上课次数等，统计出真实的上课收益和成本。

我猜想，在这个过程中，会有很多意料之外又极有意思的情况出现，需要我们花时间琢磨。比如说，一个 20 岁的学生，买了 40 节课，每节课 200 元；一个 40 岁白领，买了 10 节课，每节课 200 元。看似是 40 节课的那个更好，更有持续性也更有保障，但如果学生每节课都来了，而白领买了 10 节课上了一半就放弃并消失了呢？这样每节课价格就是 400 而不是 200 了。又如果推销 10 个白领才有一个成功，而推销 10 个学生有 5 个成功呢？这种时间沟通成本又如何计算？当然，我们还要考虑到这一过程中不同健身教练之间的差异。

注意：按照我们之前讲的迁移方法，以上调研是一个收集信息找规律、总结导向性的方法、技巧的过程，这一过程得到同一健身房的同事、上司的帮助越多越有效。

5. 预设一个解答问题的物化成果

基于上面的研究，会得到一个结合自身实际的课程销售的最优方案——推销面对什么群体？花费多少时间？推销多少节课最合适？平均每节课多少钱的效率最高？……这也是我们所说的物化成果。最终，因为个体差异，每个人的最优方案都是不同的。

6. 思考这个本质问题的物化成果能够迁移到哪些地方

最终，花费几个月的时间，我们研究了健身教练需要面对的核心本质问题之一，得出了销售的最优方案，那这个物化的结果到底有什么意义呢？

总结下来，这个最终的物化成果，至少可以让我们从三方面受益：

一是成果可以直接运用。最优方案可以运用到很多方面，比如有些健身卡的购买者会半途而废，那么面向什么样的人群、怎么推销健身卡、卖多少钱合适？自己更适合给什么人群推销？这些人群更喜欢去什么类型的健身房？为什么和其他健身教练相比，自己更吸引某些客户？推销时间和成功率有什么关系？从事哪些职业的客户续课的可能性更高？

二是成果可以在本行业推广。如果你想跳槽，同样的方法，可以去研究与什么类型的健身房合作更容易；如果你打算以后自己开个健身房，最优方案能让你迅速摸清一些核心问题：如果想赚更多的钱，选择哪种定价策略？是搞好服务引进设备，吸引健身达人？还是用平价设备低价吸引小白？小白和健身达人的比例是多少？是单次收费好还是年卡收费好？是引进私教更多还是团操课更多？私教课如何定价能实现利润最大化？

三是成果可以在其他行业迁移。最优方案本质上是一种工程思维，它可以直接迁移到销售行业，比如保险业、微商。当这些技巧上升至超越具体领域、高度凝练的处事原则时，一些跨界的行业，如直播行业，也可以依靠同样的思维做出分析及判断。

需要注意的是，所有这些分析的基础，都是抓核心、抓本质、高度凝练。关于抓本质的方法已在前面几章里分析过，这里不再赘述。抓本质的重要性再怎么强调也不为过。

没有普适的成功法，你必须结合自身实际

你有没有想过，为什么阅读过各类书籍和文章，揣摩过各路名人金句，学习了各类在线课程，依然感觉没什么用？

这种没用，不是看不懂书、听不懂课、未经世事因此对道理一知半解、懵懵懂懂。而是你看了听了，觉得人家说得特有道理，你特懂，但是遇到类似事件时，仍然不知道怎么做，或做了却总是做错。

我也有过和你同样的经历，遇见事情时，不管吸收过多少规律，告诫自己不能忘记某些技巧，但事情发生时我总能神奇地视而不见，被自己的观念和经验卡得死死的。同样的错误一犯再犯，好像“被猪油蒙了心”。

这里头最重要的原因，是因为这些道理的获取方式——它们不是我们从个人经历中看出来、悟出来的、提炼出来的，不是从我们前面说的经验中提取出来的，而是我们直接记下来的。当我们记下这些道理后，如果没有真正把书上的方法、原则、模型用于自己的经历或者实践当中，那就不算真的弄懂，也就无法将其用于实践。

我举个例子吧，你认为在长平之战中损失 30 万大军、被秦军打得落花流水的赵括到底是不是一个好的将领？

历史书上会告诉你，当然不是，赵括只会在父亲赵奢的指导下纸上谈兵。他不懂得灵活应变，所以成为被历史所耻笑的对象。

然而笔者认为，长平之战失败的根本原因不在赵括一人，而在赵括的领导赵孝成王，至少，赵孝成王应该负主要责任。一上来就让一个从来没有任何经验的将领，参加一个非死即生的战斗，却在此前从未演练过，这个决策是极其错误的。

真实的战场太过复杂，不同的战役，有许许多多不一样：战斗力不一样，领导人的威信不一样，战争性质不一样，环境不一样，敌人不一样，目标不一样，除此之外，还有很多书上没写的“噪音”。好将领都是打出来的，如果赵括可以再历练几年，一步步地走上统帅的位置，说不定能够成为一个像他父亲一样的好将领，但可惜的是，他连一次实践的机会都没有。

就好比你天天看足球联赛，玩足球游戏，自认为对球场战略战术了然于胸，但是从未参加过真正的实战。真正到了球场上才发现，踢球不仅仅是踢球，还要应付周围观众的骂骂咧咧和嘘声，对手球员拽你衣服、踢你大腿等小动作，等等。这些对你这从未参加过实战的球员来说是不会明白的，书里也不会把这些“噪音”给你写清楚。

在我们大家都会有切身体验的职场中，只要我们没坐到那个位置，我们就无法像在那个位置的人一样思考问题，但只要坐上那个位置哪怕第一天，你就会发现你考虑问题的角度和从前已经完全不同了。

比如说，你曾经是某部门的总监，忽然升职为总经理，相当于分管好几个部门。你原来总是把下属当朋友、当并肩战斗的战友，没事就和下属一起吃饭，但升职后就不再愿意参加这种私人聚餐了。此时，站在下属的角度，他一定会对你产生误解，认为你升了职就“尾巴翘到天上去了”。

只有你自己知道，现在你手下有那么多人要管，如果你还是总和同一伙人吃饭，不管因为什么原因，其他部门的人看了都会觉得你这个领导有偏好，那么他们就会有想法，工作动力就会受到影响，不利于你开展工作。但这一点你是没法跟你的下属解释的。从你坐上总经理位置的第一天起，你的处事方式立马就会变得不同。不结合实践去思考，你永远也得不出这些结论。

再比如招聘，想想看，如果你是一个面试官，你会选择一个30多岁技术过硬的中年人，还是20出头，需要重新培训技能的年轻人？

在我还是一个应聘者时，我在想象中会认为年龄不是问题，只要专业背景强，表达能力过硬，经验丰富，公司一定会要那个技术过硬的中年人。但是当我坐在招聘官的位置上，给单位招聘员工时，会发现完全不是这么回事。有一次，一个大龄面试者絮絮叨叨地说着自己过往的经历时，我头脑中弹出来的第一句话就是："我不能要这个人！"

不是因为他年纪大了无法全身心投入工作，也不是公司出不起这个员工的期望薪资，最重要的原因在于，这类员工大多数已经形成了固定的思维习惯，可塑性太低。除非他能证明自己是一个拥有迁移思维、知道终身学习的人，否则，当我需要一个理念价值观完全一致的人时，我一定会选择一个更年轻的人。

你看，在我还是一个应聘者时，我是绝不会考虑"可塑性"这种事的。即使现在我告诉你，你可能还是无法完全体会。无法体会这种感受，也就无法做出正确的决策。

所以，如果哪天有人告诉你，他可以给你一个对万事万物都普适的原则和方法："按我说的做，你一定成功！"那么这个人不是骗子就是传销。普天之下，绝没有一条或几条具体策略和方法，只要遵循，就能让所有遵循的人必然赚钱、必然升职、必然成功的。

这种建议就像你的健身教练给你的建议一样，他建议你每天吃素，每天运动两个小时，先做有氧运动，再做无氧运动，早睡早起，保持健康的生活习惯，这样你就能拥有和施瓦辛格一样的身材。

但是他完全没有考虑到，你的工作是什么，工作强度如何、加不加班，下班后是否有这么多精力来锻炼？你是否已经结婚？你健身的动力是什么，是否对身材有着极致的追求，你的身体素质怎么样，到底有多爱吃肉，到底有多爱宅在家打游戏？如果不结合你的实际条件，而是给出一刀切的政策，最终你的意志力、体能、身体素质都无法支撑这个计划，这个计划只能以失败告终。

因此，本书一直强调，一定不能照搬他人的或书本上的未经“咀嚼”过的思维方法、思维模型。而应该通过自己的工作经历或经验“迁移”出属于自己的思维方法。

如果没有一个自我提炼的过程，即使掌握了多种模型，人们也更容易直接拿着书上的经典模型强行解释生活中发生的问题，画虎类猫，以致完全忽略各种思维模型的变量条件和适用范围。

章·十六

几个核心原则

人应该在实践中证明自己思维的真理性，即自己思维的现实性和力量，自己思维的此岸性。

——马克思

前面几章，我从整体视角和底层原理上分析了如何获取可迁移模型，这一章，我会重点总结几条超越具体领域、经过高度凝练的处事原则，以求抛砖引玉，让大家熟悉可迁移思维的形成办法。

为了让大家通过思考，形成属于自己的原则，这一章给出的案例，都是重点阐释了这些模型的产生过程，而不是模型本身。即使你觉得这些原则是有道理的，也不可以直接拿来就用，它更像软件开发中的开源代码，是一个半成品，你可以随意拿走，但必须结合你自己的经历重新调整。

或者你可以想象，你在楼下便利店购买了一包宫保鸡丁的材料，这料是没法拆了袋直接往嘴里倒的，需要在锅里翻炒，根据个人口味增减调料，这样，最终才能变成最适合你的那盘可以入口的宫保鸡丁。

共识原则——讲好属于自己的故事

前几年，我同学忽然迷恋上某个韩国组合里的明星，摇身一变成为这个明星的应援团团长。

她带着拥趸者到机场接机，联合网上发声援帖，给明星捐钱，还组织明星生日见面会。我觉得她这样做既无聊又浪费时间，对她百般劝诫，还是无用。

后来她走上一条什么路呢？她自学韩语，留学韩国，回国后成为一名韩语老师，闲暇之余依然会参加各类应援活动。

这算是个因迷恋而开辟职业新天地的正面案例，但我觉得只是个案。不想几年之后，我周边越来越多的人成为某个明星的支持者，当然，不用跑到韩国那么远的地方。

我在某个大型媒体举办的各个行业年度人物颁奖典礼上，亲眼看到拥护者们如何对其中唯一的年轻明星狂热地围追堵截。主持人敬一丹不得不在台上说："各行各业都有最有影响力的人，希望给其他人一些掌声。"然而，掌声仍然稀疏。

姣好的面容、性感的声音、乖巧的个性何以引得如此多的拥护者？值得他们举起大旗、用脚投票、奋不顾身？在这个问题困扰我好几年后，我又看到了贾跃亭和特朗普以及他们的拥趸们。

2017年，乐视还没遭遇危机时，贾跃亭给大家讲了一个乐视生态的故事，要打造“平台 + 内容 + 终端 + 应用”的超级生态，造手机、造电视、造汽车，覆盖互联网各个方面的入口。

不得不说“生态”这个词用得是真的好，吸引到了众多投资者，促成了乐视上市。上市后，各投资者疯狂投钱，贾跃亭的身价竟随之达到了数百亿。

此时此刻，我隐隐约约对讲故事这件事有了一些感觉。

回过头来，我再来看看当红的流量明星，近几年来，大家都有一套统一的打法：打造人设。

A明星是个资深“吃货”，B明星是个清冷学霸，C明星是个霸道总裁，D明星是个超级辣妈……人设立起来的过程，就是讲故事的过程。当人们相信并喜欢了这个人设，就成为了明星的共同支持者，愿意无底线地给明星投入。

所以，当鹿晗宣布和关晓彤谈恋爱，当薛之谦被李雨桐爆料出轨，当江一燕领了个假的设计师大奖，他们的影响力虽然还在，却也大不如前。人设崩塌，故事背后的意义也便消解，虽然有人固守着之前的故事，但钱不如从前好赚了。

这足见故事之威力。大到国家变革、宗教运动，小到企业、微商、社群的商业行为，擅长讲故事的人无不把这一套用得炉火纯青。

但在此时，讲故事这套方法还没有成为我的原则，只是一些零散的经验。直到偶然间看到以色列学者尤瓦尔·赫拉利出版的畅销书《人类简史》，使我忽然间豁然开朗，之前种种经历及听闻全部贯通。

《人类简史》中关于虚构的故事笔墨最多，举了大量案例，同时也写道：“所有这些合作网络，不管是古代美索不达米亚的城市，还是秦朝和古罗马的帝国，都只是‘由想象所建构的秩序’。支持它们的社会规范既不是人类自然的天性本能，也不是人际的交流关系，而是他们都相信着共同的虚构的神话故事。”

通过这些直接或间接的经验、经历。往上再上升一个层次，自然可以总结出一套陌生人之间大范围合作的原则：讲好故事，让人相信，形成共识，大规模合作。

比如，太平天国的将领们真的相信可以在崇拜上帝唯一真神的前提下，斩邪留正，建立人间天堂的“拜上帝教”吗？这其实不过是太平天国为了将农民团结起来，让大家一起努力取得斗争胜利，不至于成为一盘散沙而讲的故事而已。

宗教和鬼神也并不是太平天国的创新和专利。从三国时期，就有黄巾军的“苍天已死，黄天当立”，张道陵、张衡、张鲁祖孙三代的“五斗米教”，这些归根结底，都是通过讲故事，让松散组织的农民达成共识并为我所用罢了。

至此，通过各类直接、间接经验和经历。我对“讲好故事，让人相信，形成共识，大规模合作”这套原则已经非常熟悉了。虚构的想象也成为这套原则背后的规律，可用于指导更多实践。

比如说，如果你想要打造品牌，引发合作，是不是也需要想想，怎么讲好自己的故事？

需求导向原则——看清他人的真实利益

“需求导向”是一条特别好用的原则，且适用范围极广，说的是无论推动一件事还是分析一件事，一定要找出相关人员真实的需求，并且满足它。

大多数人在听到这条法则时会感觉它太过简单。其实，越简单的道理越好用。

做记者的第二年，我获准参加一个叙事新闻学培训班。尽管上课时间得到了大领导的批准，但我的直属领导对这种“特殊待遇”非常不满，经常把工作安排在我上课期间（记者一般不需要坐班，可以灵活安排时间）。

刚开始，我几乎要跟直属上司吵起来。我认为参加培训也是在锻炼业务能力，我的业务能力提高，自然也就能更好地完成工作，为什么我的领导就没办法明白这个道理?

直到一个朋友给我指出来:“公司的目标是盈利，不是要把你培养成人才，当然，公司也有可能为了长期从你身上转化更多财富而给你一些培训机会。但你有没有成长，跟你的直属领导其实不那么相关。站在他的角度，维持本部门的战斗力是他的任务，也是符合他个人利益的唯一选择。所以你要他支持你的学习，本质上与他的需求无关，你这个需求是荒唐的。你必须自己想办法，在满足他的需求的条件下实现自身的发展。”

从这一点出发，我停止逆反心理，转变态度，主动利用私人时间帮助领导承担更多工作，少在他面前谈论培训的事情。从那以后，我的直属领导不再计较我上培训班这件事了。

我不停地从这段经历中挖掘“为什么”，得出了一条导向性的原则：处理任何事时都考虑一下对方的需求是什么，尽可能把自己置于对方的情境并从对方的角度来思考问题，而不是简单从自己的立足点出发。

很快，我又有了第二段经历，但在当时来看，两段经历似乎完全不搭。

一个很熟悉的朋友有一批翡翠想要转手，我刚好认识一个在珠宝柜台工作的朋友，便介绍他们认识。过了两三天，朋友磨磨唧唧跟我说，始终谈不拢柜台里要摆放翡翠所需的费用，要我帮忙再去说说。

我问清情况后，感觉他的要求单靠刷脸很难实现。但是，如果我可以保证柜台那位朋友从这次帮忙中得到一定的利益呢？于是，我跟柜台的朋友说，翡翠放进去一分钱不给，但每块翡翠卖了再给柜台按收入提成，翡翠如果能多卖价，多出部分全归柜台。

这样下来，柜台多了一个赚取提成的可能性，朋友也多了一个更给力的渠道，双方都没亏反而更赚，说好下午两点开始摆放，晚上六点就全都放好了。

这两件事加在一起，让我从中得到一个心得：做任何事情先要认真考虑对方的需求，再以对方可以理解的方式，让他们知道你的需求到底是什么，有时候人们自己也不知道自己的需求是什么。

重读《古文观止》，我发现在中国古代大多数与说服相关的像《烛之武退秦师》《触龙说赵太后》《谏逐客书》等典故里面，说客能说服一个人的原因，大多因为他们可以了解对象的痛点、需求。又在其他机缘下读到《史记》里《子贡救鲁》的故事，更是坚定了我对这个原则的信念。在这个故事里，我看到了古人如何将“需求导向”的方法发挥到极致。

春秋时期，齐国大夫田常要攻打鲁国，通过对外战争的胜利，提高自己在国内的地位，从而威慑鲍氏、高氏、国氏、晏氏等卿大夫家族。鲁国人孔子听闻此事，派学生子贡出马游说齐国大夫，希望通过将注意力转移到他国的方式，让齐国不再攻打鲁国。

子贡最先到达齐国，跟大夫田常说：“我听说你跟齐王三次要求受封都不许，说明朝中有大臣反对你，那你打鲁国没用啊！鲁国弱小，如果一下子被打败，齐国国君和大夫的实力会增强，会有更多力量来制衡你。但是攻打实力更强大的吴国，大夫军队冲锋陷阵，朝廷空虚，你就可以孤立齐国国君了。”

这套说辞不是从齐国的利益出发，而是完全从田常的需求考虑，很合其心意，田常很快就答应了。但他一想，齐军已开往鲁国，现在撤出似乎没道理。子贡于是又主动请缨，要说服吴国出兵援助鲁国，田常就可以以此为借口与吴国开战。

之后，子贡到达吴国，对吴王夫差说，如果齐国攻打鲁国，势必对吴国霸权构成巨大威胁。吴国如果此时攻齐，不仅能显扬声望，还能镇抚诸侯，遏制晋国，有百利而无害。夫差觉得这建议不错，但又怕自己此时出兵国内空虚，遭到战败国越国的报复，想先除掉越国再说。子贡便又跟夫差表示，自己愿亲自前往，说服越王追随吴王。

子贡到达越国，刚被吴王打败的越王勾践出来迎接。勾践最大的担心便是被吴国所灭。子贡马上迎合，他表示越国真的很危险，因为吴王夫差已经担心讨伐齐国时越国为后患，想先彻底攻破越国。此时，不如越国出兵辅佐吴王，再送些好处，让夫差下定决心攻打齐国。到时吴国失败了，越国可以趁乱有所为。如果吴国成功，越国可以联系晋国一起制衡吴国，越王勾践也可以趁势灭吴。

待吴越双方都采纳了子贡的建议后，子贡到达晋国，警告晋国国君，现在吴齐开战，务必做好联越准备，万一吴军胜利，吴军就会逼近晋国。晋国国君也听从了子贡的建议。

这场伐鲁的战争结果怎样呢？司马迁评价：“子贡一出，存鲁，乱齐，破吴，强晋而霸越。”一个人仅靠着外交辞令，就改变了五个国家的命运，这其实是“需求导向”这条简单原则发挥出的巨大威力。

需要看到的是，此次成功固然有子贡本身巧言善辩的原因，但他劝服他人，靠的主要还是看清各方需求，并满足他们的需求。“需求导向”这个原则看似简单，其中的难点在于，如何真正发现人们背后的需求到底是什么。

比如在子贡说服齐国大夫田常时就清楚地看到，田常并不在意齐国在这场对外战争中是输是赢，田常在意的只是自己在齐国的利益。国家败了没关系，自己的地位得到提升、需求得到满足就可以了。如果子贡只是简单从齐国能否打赢这场战争出发来说服田常，他是注定要失败的。

同样，如果在我参加新闻培训班时，一味地说服上司这个培训班对我个人有什么好处，他一定会特别勉强。我必须告诉他，即使上了这个培训班，我依然可以保质保量完成自己的工作任务，这样才能让上司安心。

至此，我对“需求导向”原则的感受越来越深刻，以至于我在遇到工作生活中方方面面的问题时，都会习惯性地考虑这条原则是否适用。

回想大学毕业时，因为热爱写作，我多次给杂志社投稿，但稿子总是石沉大海。现在我写文章时会反复告诉自己，既然写东西是要给读者看，就得多从读者角度去构思文章的结构和措辞，琢磨自己写的东西是否真的对别人有用，而不能一味只图自己开心。

因此，我必须放弃华丽的词汇、繁复的修辞手法，放弃从前在语文课上学到的那些评判维度，而是力求用最简洁、明快的句子把事情讲清楚，同时反复地追问自己，我的读者到底想从这篇文章中得到什么。对于读者来说，他们花时间、花金钱，是希望文字能让自己有一定的收获，尽管目前为止我不敢说自己已经能完全做到，但一直都在朝这个方向努力。

为什么很多人写年终总结，水平总是有好有坏？因为没有发现领导的需求，要么把自己的工作职能流水账似的罗列一下，要么力陈自己在过去一年，工作多么辛苦、努力，怎么“舍小家为大家”。

有一次，我听见一个妈妈在工作总结大会上念：“孩子在医院吊水，自己在加班，但依然无怨无悔。”我在台下听得尴尬症都犯了。她只顾感动自己，却懒得想单位领导平时工作多，不可能关注到每一个人的成长和发展，领导更希望在工作总结汇报中听到：单位过去一年的整体氛围如何，员工在单位得到了哪些成长，员工得到了领导的哪些指点和栽培，员工如何与单位共同进退。

需求原则也可以运用在生活中，指导自己生活中的方方面面，讲一个我身边的例子吧。前段时间，我发小打电话跟我诉苦，说生了孩子后，自己工作应付不来，喊妈妈来帮忙，还请了一个住家保姆。保姆刚来家时，勤勤恳恳，但是熟悉了之后，发现她妈妈是个软心肠，喜欢替别人着想，不喜欢与人产生矛盾，于是就找到一个不用努力做家务也可以在她家工作的秘诀，努力搞好跟她妈妈的关系，有事没事拼命赞美她，多说自己的辛苦和生活的艰难。这样一来，她妈妈反而主动会帮着保姆做家务，过了一段时间，原本保姆的职责，顺理成章地成了她妈妈的职责。

有一次，保姆饭做多了，她说了保姆一句：“我们的饭都是定量的，你以后要注意一点，不要浪费。”她妈妈马上把话接过来：“没做多没做多，是我吃少了。”

还有一次，她下班回家，发现孩子睡着了，自己妈妈在包饺子和面，保姆站在厨房角落里陪她妈妈聊天。

更让她抓狂的是，无论她怎么反复跟她妈妈说，“我们请保姆来就是干活的，不是请一个陪聊”“我花钱是希望你能得到更好的休息”，她妈妈都听不进去，说女儿是资本家，还和保姆商量一起到周边旅游。

“你说我该怎么办呢？”我的发小非常苦恼，“我说要辞退她，我妈妈情绪就特别激动，坚决不同意。”

我琢磨了两天，给发小出了个主意，让她郑重地把保姆和妈妈叫到一起，当着俩人的面告诉她们，以工作来看，只能花 4000 元雇这个保姆，如果孩子姥姥觉得保姆可怜，这 2000 元由孩子姥姥给保姆补上，如果保姆觉得孩子姥姥不容易，也可以协商一下，少收一点钱。反正这 2000 元的缺口怎么办，她们俩自己协商。

我和发小说：“之所以这么做，是因为之前是你出钱，造成孩子姥姥没摆正位置，觉得她自己和保姆都是带孩子的，错误地认为她俩是同质的、在一条战线上，她俩之间没有任何矛盾冲突点。再加上自己一个人在外帮着女儿带孩子，也没有朋友可以聊天，天天和保姆在一起，对其产生了心理依赖，所以造成了跟保姆比跟家里人还亲。”

必须给老人制造一个机会，让她认识到自己的立场及需求。老人必须明白，请保姆的核心目的是看孩子，不是陪聊。

所以，这个 2000 块钱的缺口，就是设置了这个情境，让孩子姥姥认清自己的立场和站位：并不是“闺女花了 6000 元请了个保姆，嘿！这保姆还能额外陪我聊天，天天夸我，值！”而是“她就干了 4000 元的活，其他活我干了，我还要给她 2000 元陪我聊天？”心理账户一下超支。通过这个情境，让孩子姥姥明白，他们之间的所谓互相夸赞、情感交流到底价值多少，也让老人真正明白雇保姆的原因是什么。

我跟发小预测，这么做可能有两种结果：

一种结果可能是孩子姥姥不想自己出钱，毕竟我是来给女儿带孩子，还让自己搭钱，哪有这么干的。这样就最好了，因为保姆绝对会咬死 6000 不会降价的。所有打工的保姆，首先要求的是工资，在保障工资的条件下，才会尽量想办法让自己更轻松，她们绝不会为了轻松而甘愿少拿钱，别说 2000 了，就是少拿 500 都不愿意。这样保姆和孩子姥姥两个人就出现分歧了，也只有这样，姥姥才能明白：保姆不是来和她做朋友的，人家是来赚钱的，没钱赚其他都是虚的；花钱找人是为了照顾孙子，孙子照顾不好其他都是虚的。

另一种结果是老人一直醒悟不过来，甘愿自掏腰包留下保姆。一旦钱花出去，老人一定会衡量 2000 元花得值不值。如果保姆依旧工作偷懒耍滑，只会陪聊，不出三个月，老人一定会对其心生怨气，和女儿站在同一战线。

这两个可能的结果，无论哪种，只要设置了情境，让孩子姥姥明白了自己的需求和立场，最终都能达到目的。

果不其然，没过多久，朋友欢天喜地地打电话过来说："还真像你说的，问题解决了！"她按照我俩商量的，把条件一提，孩子姥姥立马火了，帮女儿带孩子还让她花钱，要回老家不管了！我朋友说没想到孩子姥姥反应那么大，但没办法，箭在弦上，话都说了，不能怂啊，也就硬着头皮怼回去，坚持这么办。保姆则啥话都不敢说，担心孩子姥姥一着急真走了，自己更没靠山了。

后来的两天，保姆和孩子姥姥都没人再提这件事，也都不说 2000 块钱怎么处理。两个人有时候就在厨房嘀嘀咕咕，也不知道私下里是怎么商量的。直到第三天，保姆主动过来跟我说，她待到周末就要走了，舍不得孩子、舍不得姥姥之类的话说了很多。孩子姥姥也在一旁抹眼泪，说保姆是个好人啊，以后常联系呀，但反正也没说一句挽留的话。

我朋友本以为还要撕破脸大吵一架，出乎意料的是事情就这么和和气气解决了。孩子姥姥也只是后来两天不太跟她说话，过了没几天，又和和睦睦在一起说说笑笑了。毕竟老人舍不得小孙子啊。

利用“需求导向”原则的过程中，我们需要注意，虽然现在驱使人们行动的主要奖励是金钱，但它并非唯一有效的“良药”。人们也会为了爱、友谊、伴侣、情绪等其他非金钱因素而改变他们的行为和认知。正如上面这个保姆的例子，找到核心需求，实际上是非常复杂和艰难的。

所以说，任何原则都有它的适用范围，我所提供的，只是一份便利店出售的半熟宫保鸡丁。真正要把这道菜热腾腾地端上桌子，必须依靠你自己的实践和顿悟，而不是我的。

信任原则——诛人者死，诛心者生

时代的发展，让我们可以和这个世界的大量信息有效连接。即使我们无法亲身经历，但哪怕见证一些新闻事件，并对它们做出思考和分析，也可以从中找到并确认自己的指向性原则。

2018 年 9 月，有两家公司前后脚发生了几近危及公司存亡的事件，一起是滴滴出行的第二起顺风车司机奸杀乘客事件，另一起是链家集团旗下自如长租房甲醛超标导致租客死亡事件。然而，因为公关处理方式不同，舆论的反应完全不同。因为好奇其中的原因，我便开始分析其中处理方式的差异。

先看滴滴公司。强奸案发生后滴滴反应迅速，但在最早几次声明中，在就事论事中充斥着对责任的推卸，如“成立安全专项组”“配合警方开展案件调查”“做一点释疑”“家属探望”“公布内部自查进展”。旧问题没解决，新言论反而引发了新疑惑。董事长和 CEO 在道歉信中的缺失，让民众更加愤慨。

反观链家。链家 CEO 左晖在第一时间做出回复。回复很简短，一共 22 个字：“所有的批评我们都会收下，所有的责任我们都会承担。”其后，在自如 CEO 熊林再次强调承担一切责任之后，列出了前几天事件尚未发酵时给公众和媒体的《事件说明》。《事件说明》中，前面 80% 都是对事件的客观描述，后 20% 是链家立场：“此事事关重大，一方面需要考虑相关案件对逝者家人造成的影响和压力，另一方面也需要对案件进行客观、全面的调查。在司法机关做出最终裁定前，应避免碎片化的片面解读，给当事人及事件的合法解决造成影响。”以此表明链家不是不承担责任，而是事件尚未查清。

如果让你回答，两家企业公关做法的本质区别在哪？你会如何分析呢？

让咱们一起通过追问，一步步抽丝剥茧。

首先，我问自己：如果用两个人物来比拟。在这次事件中，滴滴和链家各是什么样的形象？

答：滴滴像一个慌不择路的小媳妇，链家像一个温润稳重的老大哥。

再问：为什么会造成这种感觉上的区别？

答：因为滴滴一直被动地在跟各种事件纠缠，应接不暇。但给人的感觉是——你们看，我什么都做了，但事情就是这样，没办法啊，不是我的事。

链家 CEO 的一句话直接给这件事定了基调：你们不必操心具体细节，责任我全部承担，后续我一定处理好！同样给人一种感觉——我不解释，也不推诿，我全部承担，这件事上我们有错，但请大家相信我们。

最后问：从中可以得到怎样的企业公关技巧？

答：在应对公共危机事件时，第一步不是和公众就事论事地争论谁对谁错，而是建立公众对企业的信任感。而建立信任感需要在情感上打动公众，具体在公关危机中就应表现出毫无怨言地承担责任。

也许是滴滴后来领悟到，并且掌握了这个公关技巧，所以在 2019 年初的大规模裁员事件中并没有像其他互联网公司那般引发公众的口诛笔伐。一方面，确实制定了人性化的赔偿方案，另一方面坦率地承认问题，真诚地开放沟通，告诉大家公司需要过冬，反而赢得了民众的好感，树立了负责任的企业形象。

这是公关的技巧和经验。那么这些能否拓展到其他方面呢？假使你是一个领导，希望下属跟你同心同力、筚路蓝缕，有没有什么好的办法？

正如美国总统西奥多·罗斯福说过一句话：掌控灵魂至高无上，其他则无关紧要。

我前几年听到的一个真实的故事，可以作为参考。

山东某个中学的校长，因学校教师上课抽不开身，便带着学校后勤人员，一起帮老师清理家里的猪圈。现在农村学校老师工资不高，工作辛苦，干好干坏又没有什么奖惩激励，教师普遍职业倦怠感很强。校长这么做，解决了教师家庭劳动的后顾之忧，让教师心生感激，更加积极地投入工作。

校长最聪明的地方在于没有就事论事地以加班费形式激励，而是直接把问题上升了一个层次：我把你当作兄弟、亲人，你的事情就是我的事情，你和学校不再是你付出一份劳动我就给一份工资的交换关系，而是不分你我、不在乎一时得失的情感羁绊。

这个学校的校长后来被调到北京某中学，他任职的学校后来成为唯一一个以教育部名义开过经验宣传推广新闻发布会的学校——北京十一学校。这个校长的名字你也许听过，他叫李希贵。

另一个故事来自我们都熟悉的企业——海底捞。它的创始人张勇，刚从简阳到西安来创业时，在某大厦二楼开了一家火锅店。有一次上楼时，看见一楼的餐厅老板拿开水泼他的员工。张勇实在气不过，就找了一个茬儿，带着他的员工一起，把那个老板教训了一顿。最后跟着张勇的兄弟姐妹心甘情愿地为发展海底捞燃烧自己的青春。我的意思并不是说，遇见不平的事情要以牙还牙报复回去，而是我们在行事时，一定要注意树立一个有责任、有担当的形象，这样才会有号召力、领导力。

我自己也经历了几个很好的领导，他们对我的包容和帮助，都让我在工作上死心塌地。比如刚工作那年，我开单位的车出去办事，由于技术不熟练，撞到了电线杆，车身被撞扁。我当时直接被吓蒙，不知道要赔多少钱，也不知道即将承担怎样的后果。我很清楚地记得，我的直属领导先安抚了我，然后到上级领导那将这个事情一力承担，并且替我出了修车费——到今天都没有告诉我到底花了多少钱。也许这件事他已经忘了，但他的举手之劳，对刚工作的我而言实在恩比天高。后来的工作中，我一直非常敬业，和他也配合得很好，虽然早已离职，至今也和他保持着很好的关系。

这就是"信任原则"——要想征服别人，关键是征服别人的心。凡事如果只是就事论事，那只是在最浅的层面打圈，你得绕过具体事情，待人以诚，建立信任感。换句话说，在灵魂深处搅起惊涛骇浪。

《小王子》的作者圣－埃克苏佩里说过："如果你想建造一艘船，先不要把人们召集起来采集木材、分配工作和发号施令，而是要引导他们向往浩瀚无边的大海。"真正的比拼，不是就事论事地执行，而是战略、梦想、情怀、价值观和态度。

2004 年美国大选，乔治・布什为什么会获胜？一个重要原因是因为他说的一句话："即使我们意见不一致，至少你们知道了我的信念和立场。"他没有纠缠于具体在某项政策上如何取得人们的支持，而是告诉大家，你们要相信我，我是为你们好。反观竞争对手民主党候选人约翰・克里，字里行间总让人感觉他把登上总统宝座、发展国家看得更重，自然难以取得成功。

战国时期著名的军事家吴起，手下的士兵各个骁勇善战。传说在某次战役中，吴起阵营的某个士兵生了恶性毒疮，吴起替他吸吮掉脓疮中的毒血。这个士兵的母亲听闻后放声大哭，说当年该士兵的父亲就是因为吴起帮其吮疮，死在了战场上，马革裹尸。现在吴起又帮他儿子吮疮，不知道儿子又会死在什么地方了。看到了吴起的故事，更加坚实了我对信任原则的理解。

每个人的一生都能总结出许许多多处事原则。之所以把“信任原则”和“需求导向”放在一起来说，实在是两种原则都有其适用范围、背景条件。在何种情况下建立信任，在何种情况下利用需求，需要具体问题具体分析。

原则不能照搬，每个人都必须自己来总结，炒出自己的那盘宫保鸡丁。否则就可能盲人摸象、适得其反、功亏一篑。

分层原则——有针对性地制定策略

自古以来，灵长类动物，都有着划分等级的物种本能。比如黑猩猩，等级越高，就越能多吃多占，吃得多、吃得好，异性伴侣也多。通过这种等级和分类，维持着族群内部的秩序。

随着社会文化的发展，人类更是把这一分类分层原则发挥到了极致——人类很擅长把不同的人分成一些实际上“并不存在”的类别，并且排出尊卑贵贱、三六九等来。

比如《孔子家语》中就有这样一个故事：有一天鲁哀公请教孔子，如何选拔人才，让他们治理国家，孔子就说人分为5个等级，有庸人、有士人、有君子、有贤人、有圣人。如果留意国家中的这5种人，那么治理国家就不会有什么失误。你看，圣人孔子也一下子把天下人都分了类。

世界上现存的第一部比较完备的成文法典《汉谟拉比法典》中，也将巴比伦人分为三级：自由民上层（阿维鲁穆）；无公民权的自由民（穆什钦努），法律地位较阿维鲁穆低；奴隶（包括王室奴隶、自由民所属奴隶、公民私人奴隶）。

哪怕是广为人知的美国《独立宣言》，把“人人生而平等”的口号喊得气势磅礴，依然把人分成了三六九等。1776 年的《独立宣言》出来的时候，适用范围只有白

《汉谟拉比法典》是中东地区的古巴比伦国王汉谟拉比大约在公元前1776年颁布的法律汇编，是最具代表性的楔形文字法典，也是世界上现存的第一部比较完备的成文法典。

人男性，女性的权利依然非常有限；不但有男女的分类，更对人种也进行了分类，白人享有自由和民主，而黑人、印第安人呢？宣言中没提，反正是签署协议的很多人实际上是奴隶主，签署协议后，压根没有一个人想过释放奴隶，那么签约者们对《独立宣言》“人人生而平等”的理解就显而易见了——到底是奴隶主权？还是人权？

关注到这种分类意识，是几年前被朋友邀请参加聚会，喝茶的时候大家谈到了饮茶的鄙视链。笼统来讲，就是喝普洱的瞧不起喝青茶的，喝青茶的瞧不起喝绿茶的，喝绿茶的瞧不起喝白茶的，喝白茶的瞧不起喝黄茶的，喝黄茶的瞧不起喝红茶的，喝红茶的瞧不起喝各种花茶的，以上所有喝茶的瞧不起喝奶茶的。大家讨论，鄙视链是无处不在的，无论在哪个领域。

自那以后，我愈发感受到，几乎所有工作和生活中都存在着等级划分和鄙视链。

比如平时我喜欢玩文玩手串，还真能发现：玩玉石的鄙视玩木头的，玩木头的鄙视玩菩提的，玩老三样菩提的鄙视玩其他菩提的，玩其他菩提的鄙视玩椰壳的，而所有文玩的玩家都鄙视玩大金链子的。

给孩子报个游泳兴趣班，也会有犹豫，因为会有一堆人来告诉你，学了游泳，就没有时间学钢琴、学马术、学高尔夫，明显这些才艺才更加高贵。

本书前几章中提到过《最后的棒棒》这个纪录片。棒棒们为了省钱回家，本来有直达线路，但是为了节约 8 块钱车费，宁可转车 5 次，100 公里路，耗费一天时间。但就算这样穷苦底层的棒棒们，也依然有着鄙视链：有固定雇主、工作稳定的棒棒鄙视在固定区域拉活的棒棒，在固定区域拉活的棒棒鄙视没了根据地四处游荡的“野棒棒”，四处游荡的“野棒棒”鄙视力气不行或生病了只能打零工的“想干棒棒而不得的棒棒”。

看，都已经朝不保夕了，但依然在找着可鄙视的对象，以及自身的优越感。

分层这种现象，好或不好，自有人类学家和社会学家去研究。但因其从古至今都是存在的，所以人们可以借用这种“原本并不存在”的分类分层本能作为手段，因势利导来达成自己的目标。

我曾亲身遇见过有人利用分层原则来做管理。几年前，我在某单位做记者时，隔壁文化报道组因老编辑跳槽，空降了一个 30 来岁的编辑。我所在的单位，编辑比记者的等级要高，编辑负责组织选题、管理记者。

文化报道组一直是我们单位最难管理的部门，5 个记者身份资历都很老，人浮于事，但又比较抱团。走了一个编辑，领导不想提拔他们中的任何一个，才会选择从外部调人。

头仨月，果然问题重重，老员工根本不服管理，文化版所有新稿件署的都是新来的编辑的名字，说明 5 个老记者一篇稿子没写。公开的选题会上，老记者们也明里暗里言语挤对。连我这个八竿子打不着的人也被某一记者拉去，听了这编辑一肚子不是。眼看着新来的编辑快被逼走，我不禁为他捏了把汗。

但事情很快开始起了变化。新来的编辑很快招了一个新记者，把采访机会都交给他，附带地开始蚕食老记者的领域。紧接着原有的记者阵营出现分化，5 个记者中有两个老记者的稿子陆续上版。后来，这两个老记者的稿子又得到领导的重点表扬。又有传言，其中一个老记者要升为首席。

其余 3 个态度坚定的记者继续被晾，眼看着坐不住。不久后，一个记者离职，剩下的两个记者也有新稿发布，文化组氛围渐渐平和。

当我了解了分层的原理后，很快就明白，这个新来编辑的策略很简单，就是采用分层，人为地将对象分成三六九等，对不同的人采用不同的策略。在后来的职场经历中我也发现，当手下的员工完全不服管、不服气时；当一个新领导空降到一个单位时；或者在管理一个庞大的部门，管理者没办法面面俱到时，职场管理者会较多地采取这种策略。

2016 年，我看了美国学者布鲁斯・布尔诺・德・梅斯奎塔和阿拉斯泰尔・斯密斯创作的《独裁者手册》一书。结合书上的内容，我对这个原则的理解更加深刻。

尽管《独裁者手册》所说的并不一定完全正确，但它确实揭示了客观世界运行的一条基本原则：无论是政治世界的独裁者，还是商业世界的领导者，都需要筛选出自己的强化支持者联盟，给予好处，换取支持。做法无非最简单的两个字——分层。

书中举例，法国有个国王叫路易十四，他在初掌大权时基础薄弱，保守派贵族和军队将领看到他的财富和特权逐渐干涸，便起了异心。

为了巩固统治，路易十四迅速做出改变核心集团人员结构的决策：他将老贵族的活动范围限制在凡尔赛宫附近，将其年金和国王宠信程度挂钩，这当然取决于他们侍奉国王的优劣程度；同时扶持一批新贵族加入核心集团，甚至启用一批平民进入官僚机构，形成了一个对他感恩、绝对忠诚的新阶层。整个法国的官僚机构都集中在他的周围，强化了他的军事、财政和机构决策权，由此，路易十四便与新老阶层一起建立起一种共生关系。

“在考虑需要收买谁时，法国大众并不在路易十四的算计当中，因为他们没有对他构成威胁。就算如此，他的专制主义一点也不‘绝对’。他需要支持者，也知道如何保持他们的忠诚。只要他们支持他比支持别人更有利可图，这些人就会一直忠诚于他。”

简而言之，路易十四的策略就是成功将人群进行分层，采取不同策略保持了核心层的利益。正是这个做法，让法国成为当时欧洲大陆最强盛的国家。

现代社会，单打独斗越来越困难，合作共生是成功的关键要素之一，然而人们各自有各自不同的利益和诉求，管理者有时候有必要将人群分层，团结一切可以团结的力量，才能在合作中取得成功。

舍得原则——何时舍，何时得？哪些舍，哪些得？谁来舍，谁来得

大家都知道，我曾经在体制内做过记者。选择这份职业有很多偶然因素，但总体来说，我对记者这份工作是满意的。首先，这份工作可以锻炼自己的突破能力、写作能力、沟通能力、调研能力，这些能力可以迁移到很多行业；其次，每写一篇稿子，我都能接触到某个行业最顶尖的人，可以更全面地接触形形色色的行业，个人成长的速度非常快；最后，从工作环境来看，领导对我很不错，作为他比较得力的手下之一，我总是得到很多高端采访机会。就这样，我每天忙忙碌碌的，日子过得十分充实。

发现问题已经是两年以后。一个很有名的企业家，也是我的采访对象之一，因为对我此前帮他写的人物稿很满意，问我愿不愿意给他做助理。

他承诺可以给我提供良好的平台和丰厚的薪水，在我谢绝他后，他依然希望我仔细考虑，他认为我在当时的平台已经遇到瓶颈："你有没有想过从你现在这个忙忙碌碌的工作中得到什么？采访、写稿、编稿是你目前的主要工作，但除非你想一辈子做记者，否则你的工作效能将无法得到进一步提升。如果你未来想主导一些事情，你需要有机会参与商业运作，显然这个平台不能满足你，所以你现在付出的和你未来想要的东西是不匹配的。"

虽然拒绝了他的邀请，但我渐渐开始思考他说过的话。倘使我想在单位一步

步升职走上副主编、主编这样的岗位，踏踏实实做个记者当然没什么问题，难就难在体制内走上这样的岗位并不是靠努力就行的，环境、运气的因素极大，我是否有必要为了自己控制不了的前景花费这么多的时间和精力呢？

如果不是，我到底想要什么呢？那个企业家说的没错，我不希望在编辑的指挥下写作，我更希望自己主导一件事情，就像创业一样，从无到有打造一个人们可以记得住的品牌，并且将其传播、销售出去。我可以全权参与和决策其中的每一个环节，无论是内容，运营，还是推广、整合，而不仅仅做一个记录者和倾听者。

经过漫长而艰难的思考，我离开原单位，沉淀、创业、写书，做自己真正想做的事情。当我活成了自己想要的样子时，我愈发明白，真实的世界就是一场永不停歇的舍得，如果不懂得放弃，就不会拥有，舍得原则也逐渐被我内化于心。

很多人都会觉得舍得原则很简单，从字面意思来看，就是有付出，才有收获。其实，能够理解舍得原则的人并不多。举个例子，你身边一定有人喜欢看《延禧攻略》这样的电视剧，女主人公被欺负了，马上就可以运用天赋和计谋欺负回去，还有《诛仙》这样的网络小说，男主人公不停开挂，成为全天下最牛的主宰。这些作品告诉我们要及时行乐、快意恩仇，但这并不符合人性特点和生活逻辑，喜欢这类作品的人，大多不懂真实的世界是充满策略的，而这个策略的主要基点就是舍得。

舍得原则为什么重要？因为只有我们知道了这条原则，才能知道什么时候舍，什么时候得；哪些需要舍，能够换来哪些得；谁来舍，谁来得。把握住这三个维度，咱们人生的基本大方向就不会有错。

先来看第一个维度，什么时候舍，什么时候得。这是从时间的维度来说的。咱们很多人都用花呗，花呗就是典型的时间舍得的代表。用了花呗，是一时借钱一时爽，一直借钱一直爽，但是今天爽完过后呢？今天捅下的窟窿，明天又该如何填补？

当然，我在这里并不是要劝诫大家清心寡欲，有消费欲望是十分正常的，但是应该想清楚什么时候舍，什么时候得，千万不要让自己用未来的“舍”加倍偿还现在的“得”。

我有个堂弟，退役回来面临两个选择：一是做公务员，马上就可以得到看得见底的安逸人生；二是在北京跟着电影学院的师傅学做摄影师，需要起早贪黑好几年，但几年后收入可观、前景光明。他转业回来时一无所有，仅有的优势就是他的体力和时间，所以我建议他留在北京，如果愿意“舍”掉当下的舒适，只消苦几年，未来就能“得”一个丰厚的回报。

大概当兵苦了太久，虽然家人百般劝说，他都死活不愿意在北京继续待下去。今年是他在家做公务员的第五年，据我所知，他十分后悔当初的选择，一直跟我说想要再到北京来看看。可这时候再过来，不仅青春的优势不再，而且也没有之前那么好的机会了，时间这个维度的舍得，一旦失去便永远失去，便再也回不来了。

再来看第二个维度，哪些需要舍，换来哪些得。这是从取舍的内容来说的，也是舍得原则中最需要想清楚的关键要素。

我从小就是个好学生，父母告诉我，只要好好读书，就必会有所回报，所以我就养成了一种好学生喜欢“舍”的习惯，具体表现是，大学毕业这么多年了，一看电视剧、一玩游戏就心慌，宁肯花时间多看几本书、多背几个单词。但通过舍得原则我发现，这种盲目的“舍”，完全没有想清楚为了什么，学英语是为了考雅思出国吗？可我已经没有出国的需求了。看书是为了增长见识？那为什么只有看书是增长见识，看电影、交朋友就不能增长见识？你看，到这里就没法深究下去了，因为想不清楚舍和得，自己的行为就没有意义。

再举个例子，你现在读到的这本书，是我在怀孕、生子的过程中完成的。怀孕期间，我的脚稍微放在地上几分钟，就肿得和馒头一样，为了防肿，我不得不把脚翘起来采取一些奇怪的姿势写作，累得整个人近乎虚脱；两个孩子因为早产导致身体虚弱、频繁夜醒，我不得不等孩子睡着了再打开台灯守着孩子在电脑前继续写，好几次就昏睡在电脑旁边。这些辛苦在很多人看来很可能完全白费，因为我无法预计这本书是否会得到市场和读者的认可，有这时间还不如多陪陪孩子，享受亲子时光。

为什么我还是坚持在孩子六个月时把它写完，并且认认真真地大改了三次？因为我坚信，只要我写完它，我的舍和得就是匹配的，无论这本书是否能够畅销，我一定会在这个过程中得到成长，我的思维方式也一定会得到提升，这是自己对自己的一个交代。孩子终有一天离我远去，我对孩子的责任不仅有养，还有“扶上马，送一程”的育，能够实现自我思维的提升，我的孩子同样也会从中受益。

第三个维度，就是谁来舍，谁来得，这是从主体的维度来说的。你已经知道，舍和得是互相平衡的，有得必有舍，有舍必有得。那你一定会困惑，为什么那么多有钱人家的子弟，没有付出却可以收获巨大的财富呢？答案很简单，他们用父辈的舍，换来了他们的得。也就是说，有时候舍和得的主体并不相同。

主体不同在职场中特别普遍，有时候老板跟你说看重你、需要你、要对你委以重任，你在心里是要打一个问号的，他跟你说这些，是不是想用你的舍，换他的得？有时候你拼命干活，以为付出总会有回报，但真实的职场不是如此，不去想最终谁会得利，那你就会白舍，让他人白得。

舍得原则和我们前面提到的几条原则有些不同，前面几条都是解决某类问题的具体思路，而舍得原则是关乎人生战略方向的大原则。对我而言，在每一次做选择的时候，能够用舍得原则来做个评估，在大方向上就不会有太大的问题，希望这个思路也对你有益。

什么时候开始都不算晚

上面几节的内容，讲的是我根据自己和身边朋友特定的经历、根据外在的输入信息、通过自己内在的思考，总结出来的一些原则，和这些原则形成的过程。

然而，这个世界足够复杂，这些原则也不是标准答案，我觉得它们非常好用，但却不一定可以保证你们因此获得成功。

知名作家韩寒，高中辍学，后来成为作家、导演、赛车手，可以说成了跨界人才、成功人士。

当年韩寒想去开赛车，身边一众上海小伙伴就都想效仿，于是跟着韩寒一起卖了房买车，跟着韩寒一起开赛车。

大家天天练车技、更换配件，玩儿得起劲。有的小伙伴就问韩寒了：“哥啊，那以后咱们靠啥生活啊？”

韩寒就说：“做个职业赛车手，拿冠军呀！”没错啊，这就是韩寒的真实想法啊，卖房开赛车，拿冠军养家糊口。后来众所周知，韩寒虽然也曾经有段时间经济窘迫，轮胎都买不起，但他最后拿了五届拉力赛车手总冠军。

他是这么说的，也是这么做的，他取得了成功。

但不是每一个人都能成为韩寒，那些只复制卖房买车具体做法，以为就能取得成功的小伙伴们呢？答案显而易见。毕竟，那么多赛车手，领奖台只能站三个。

别人的经验，不完全适合我们自己。无数的成功人士，他们都有自身的成功经验。

你问巴菲特，他会说，简单啊，炒股啊！无论牛市还是熊市都能赚钱。

你问比尔·盖茨，他会说，走啊，辍学创业啊！科技大佬不都这样么。

你问王晶，他会说，管他呢，拍电影啊！好片烂片都能卖座赚钱。

他们没撒谎，这都是他们的成功经验啊，但并不适用于我们每一个人。

条条大路通罗马，说的没错。但首先要想清楚两个问题：一是罗马不大，容得下那么多人么？二是我想不想去罗马？

我们要做的，是从别人的成功经验和案例中，提取出稳定的、规律性的价值观和思维方法层面的东西，再和自身的实际结合起来。“纸上得来终觉浅，绝知此事要躬行。”这样才能无往不利。

美国演员、导演克里斯·埃文斯，出演《美国队长》系列电影的主角，角色深入人心。有人问克里斯·埃文斯，怎么追妹子啊？有什么经验没有啊？

克里斯说：“如果你喜欢哪个女人，就跟她直接说。她就会马上答应和你在一起了。我就用这个方法，从未失败过。”

男人们应该学习他的成功经验，见到喜欢的姑娘就单刀直入直接表白吗？

显然不是。我们要学习的，是他如何利用自己的外表与名气来与陌生人迅速拉近距离，是他如何运用话术来得到别人的信任，等等。在学习了这些规律性策略后，再结合自己的实际情况，制定相应具体方法，与喜欢的姑娘进行沟通。

这种学习方法，才是本书想要与大家分享的。

也许你天天抱着手机、接受各种信息，但感觉对自己的成长没什么帮助，思考的层次、境界也没有得到提升。

也许你曾经有过对某段经历的深刻感悟，但在时过境迁后又彻底忘记。

也许你记忆力很好，曾经犯过的错误不会再犯，但是却不会将某一类事件抽象为一条原则、一个高度，抓不住事件的本质。

也许你能够抓住事件的本质，却从来没有想过几个事物之间可能有着相通的道理，不会将自己总结出来的原则，运用于其他经历。

那么，我急切地建议你从今天开始，系统性地去追溯、梳理、提炼曾经体验过的成功、品尝过的失败、碎片化的经历、见过的人、读过的书、看过的电影、听过的话，甚至包括那些奇奇怪怪、凌乱散落的想法；一点一点地去总结、分析解决此类问题导向性的方法、技巧；再反复分析、探寻源头，将其融会贯通、形成原则；在未来的日子里，将这些原则融入自己的生活，不断实践、不断对比实践结果和自己设想的情况有什么差异，最终去芜存菁，将自己已有的模型不断完善。

现在就开始吧，请记住，建立属于自己的可迁移思维方式，什么时候开始都不算晚。